焊接機器人技術

陳茂愛，任文建，閆建新 等編著

崧燁文化

智 慧 製 造

前言

　　焊接機器人是從事焊接作業的工業機器人，是工業生產中重要的自動化設備。近年來，隨著工業技術的發展，特別是感測技術的發展，焊接機器人技術越來越成熟，其成本也越來越低，在工業領域的應用範圍急劇增大。目前，焊接機器人已廣泛地應用於汽車製造、工程機械、電子通訊、航空航天、國防軍工、能源裝備、軌道交通、海洋重工等多個領域，發展勢頭迅猛。焊接機器人技術已成為焊接領域最熱門的技術之一，它融合了材料、控制、機械、電腦等交叉學科知識，焊接機器人也從單一的示教再現型向智慧化方向發展。當前，勞動力的日益缺乏以及工人對勞動環境條件要求的日益提高使得焊接機器人替代人的必要性迅速提升。且隨著「中國製造2025」規畫的發布，國家對工業機器人國產化支持力度逐漸加大，中國機器人製造技術將會日益成熟，焊接機器人的成本還會進一步下降，未來焊接機器人必將全面代替焊接工人。在這種形勢下，從事焊接的技術人員和操作工人迫切需要學習焊接機器人的相關知識和技術。

　　本書旨在系統性地介紹焊接機器人技術，在簡要闡述機器人基本理論知識的基礎上，詳細介紹了工業機器人本體結構組成、機器人感測技術、焊接機器人系統配置及要求、焊接機器人應用操作技術和維護維修技術以及常用機器人焊接工藝，並結合具體工程結構的製造給出了弧焊機器人系統和點焊機器人系統的典型應用實例。本書力求避開深奧難懂的理論推導和說明，對焊接機器人所必需的基礎理論知識進行了深入淺出的介紹，重點突出實用性、新穎性和先進性。本書可供從事焊接工作的技術人員和操作工人參考，也可供大學材料成型及控制工程科系的大學生和高職院校焊接科系學生學習使用。

　　參加本書編寫的人員有陳茂愛、任文建、閆建新、姜麗岩、張振鵬、陳東升、張棟、高海光、王娟、齊勇田、高進強、楊敏、樓小飛。

　　由於作者水準有限，書中難免出現不當之處，懇請廣大讀者批評指正。

陳茂愛

目錄

1　第 1 章　焊接機器人概述

1.1　機器人　/2
1.1.1　機器人概述　/2
1.1.2　工業機器人　/3
1.1.3　焊接機器人　/10
1.2　機器人運動學基礎　/12
1.2.1　位置與姿態描述方法　/12
1.2.2　座標變換　/14
1.2.3　機器人運動學簡介　/22
1.2.4　機器人動力學簡介　/27
1.3　焊接機器人的應用及發展　/28
1.3.1　焊接機器人的應用現狀　/28
1.3.2　焊接機器人的發展趨勢　/30

31　第 2 章　焊接機器人本體的結構及控制

2.1　焊接機器人本體結構　/32
2.1.1　機器人機身　/33
2.1.2　機器人臂部　/35
2.1.3　腕部及其關節結構　/37
2.2　焊接機器人關節及其驅動機構　/38
2.2.1　關節　/38
2.2.2　驅動裝置　/39
2.2.3　傳動裝置　/44
2.3　焊接機器人運動控制系統　/48

56　第 3 章　焊接機器人感測技術

3.1　內部感測器　/ 57

3.1.1　位置感測器　/ 57

3.1.2　速度感測器和加速度感測器　/ 61

3.2　外部感測器　/ 62

3.2.1　接近感測器　/ 62

3.2.2　電弧電參數感測器　/ 68

3.2.3　焊縫追蹤感測器　/ 69

77　第 4 章　焊接機器人系統

4.1　電阻點焊機器人系統　/ 78

4.1.1　電阻點焊機器人系統組成及特點　/ 78

4.1.2　電阻點焊機器人本體及控制系統　/ 79

4.1.3　點焊系統　/ 81

4.2　弧焊機器人系統　/ 84

4.2.1　弧焊機器人系統組成　/ 84

4.2.2　弧焊機器人本體及控制器　/ 86

4.2.3　弧焊機器人的焊接系統　/ 88

4.3　特種焊機器人　/ 90

4.3.1　激光焊機器人系統結構　/ 90

4.3.2　攪拌摩擦焊機器人系統結構　/ 91

4.4　焊接機器人變位機　/ 92

4.4.1　單軸變位機　/ 93

4.4.2　雙軸變位機　/ 95

4.4.3　三軸變位機　/ 96

4.4.4　焊接工裝夾具　/ 96

99　第 5 章　機器人焊接工藝

5.1　電阻點焊工藝　/ 100

5.1.1　電阻點焊原理及特點　/ 100

5.1.2　電阻點焊工藝參數　/ 103

5.2　熔化極氣體保護焊　/ 105

5.2.1　熔化極氣體保護焊基本原理及特點　/ 105

5.2.2　熔化極氣體保護焊的熔滴過渡　/ 107

5.2.3　熔化極氬弧焊工藝參數　/ 110

5.2.4　高效熔化極氣體保護焊工藝　/ 112

5.3　鎢極惰性氣體保護焊（TIG 焊）工藝　/ 121

5.3.1　鎢極惰性氣體保護焊的原理、特點及應用　/ 121

5.3.2　鎢極惰性氣體保護焊焊接工藝參數　/ 124

5.3.3　高效 TIG 焊　/ 127

5.4　激光焊　/ 131

5.4.1　激光焊原理、特點及應用　/ 131

5.4.2　激光焊接系統　/ 133

5.4.3　激光焊焊縫成形方式　/ 136

5.4.4　激光焊工藝參數　/ 137

5.5　攪拌摩擦焊工藝　/ 139

5.5.1　攪拌摩擦焊原理、特點及應用　/ 139

5.5.2　攪拌摩擦焊焊頭　/ 140

5.5.3　攪拌摩擦焊焊接參數　/ 141

145　第 6 章　焊接機器人的應用操作技術

6.1　機器人的示教操作技術　/ 146

6.1.1　教導器及其功能　/ 146

6.1.2　程序操作（創建、刪除、複製）　/ 154

6.1.3　常用編程指令　/ 160

6.1.4　焊接機器人示教　/ 178

6.1.5　編程示例　/ 187

6.1.6　程序運行模式　/ 189

6.2　機器人離線編程技術　/ 191

6.2.1　機器人離線編程特點　/ 192

6.2.2　離線編程系統組成　/ 194

6.2.3　離線編程仿真軟體及其使用　/ 196

213　第 7 章　典型焊接機器人系統應用案例

7.1　弧焊機器人系統　/ 214

7.1.1　工程機械行業-抽油機方箱、驢頭焊接機器人工作站　/ 214

7.1.2　建築工程行業-建築鋁模板焊接機器人工作站　/ 218

7.1.3　電力建設行業-電力鐵塔橫擔焊接機器人工作站　/ 222

7.1.4　農業機械行業-玉米收穫機焊接機器人工作站　/ 225

7.1.5 建築鋼結構行業-牛腿部件焊接機器人工作站 / 228

7.2 點焊機器人系統 / 232

　7.2.1 汽車行業-座椅骨架總成點焊機器人工作站 / 233

　7.2.2 汽車行業-車體點焊機器人工作站 / 234

237　第8章　焊接機器人的保養和維修

8.1 焊接機器人的保養 / 238

　8.1.1 機器人本體的保養 / 238

　8.1.2 焊接設備的保養 / 240

8.2 焊接機器人的維修 / 243

　8.2.1 控制櫃的維修 / 244

　8.2.2 脈衝編碼器的維修 / 246

　8.2.3 機器人本體電纜的維修 / 246

　8.2.4 伺服放大器的維修 / 248

　8.2.5 維修安全注意事項 / 250

8.3 機器人點焊鉗維護 / 250

255　參考文獻

第1章

焊接機器人概述

1.1 機器人

1.1.1 機器人概述

(1) 機器人的概念

機器人是集機械、自動控制、電腦技術、人工智慧技術等多學科於一體的自動化裝備。機器人（Robot）目前還沒有一個統一的、精確的定義，這不僅是因為不同的科學家、不同的國家從不同的角度來定義機器人，更重要的是機器人本身也在進化和發展。Robot 一詞是捷克劇作家卡雷爾・恰佩克在其科幻戲劇《Rossum's Universal Robots（羅薩姆的萬能機器人）》中首先提出的。在捷克語中，Robot 的意思是「人類奴僕」，而戲劇中 Robot 是羅薩姆製造的為人類工作的類人機器。

美國機器人協會對機器人的定義是「機器人是一種可重複編程的、多功能的、用於搬運物料、零件或工具的操作機；或者是具有可改變或可編程動作的、用於執行多種任務的專門系統」。美國國家標準局的定義是「機器人是一種可編程的，並能夠在程序控制下自動執行規定操作或動作的機械裝置」。日本工業機器人協會給出的定義是「機器人是一種裝有記憶裝置和末端執行器的、能夠自動移動並能透過所進行的移動來代替人類勞動的通用機器」。國際標準化組織的定義是「機器人是一種自動控制的、可重複編程（可對三個或三個以上的軸進行編程控制）的多用途操作機，在工業應用過程中它可能是位置固定的，也可能是移動的」。韋伯斯特詞典中的定義是「機器人是由電腦控制的、貌似人或動物的機器；或者是由電腦控制的、能夠自動執行各種任務的機器」。

外觀類似於人的機器人稱為類人型機器人。大部分機器人外貌並不像人或動物，而是形似於人的手臂。圖 1-1 給出了類似於人手臂的機器人和類人型機器人的典型圖例。無論是哪種形狀的機器人，其最基本的特點是能模仿人的動作，代替人類進行重複性工作，具有感知和識別能力，甚至具有智慧。機器人既可用於工農業生產，又可用於教育、家庭，甚至軍事。

(2) 機器人的分類

根據應用環境來分，機器人可分為工業機器人和特種機器人兩大類。

工業機器人指工業中應用的具有多個關節和手臂的多自由度機器人。特種機器人指除工業機器人之外的所有其他機器人，通常用於危險環境或服務業，如水下機器人、爆破機器人、搜救機器人、軍用機器人、農業機器人、教育機器人、家務機器人等。

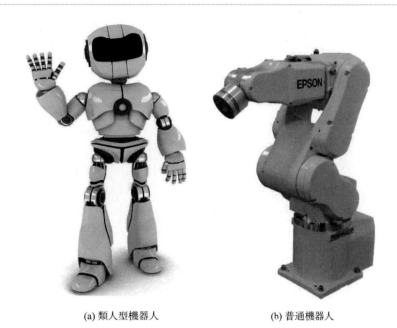

(a) 類人型機器人　　　　　　(b) 普通機器人

圖 1-1　機器人的典型圖例

1.1.2　工業機器人

工業機器人僅指面向工業領域的機器人，自 1960 年代在美國問世以來，已在汽車及其零部件、工程機械、電子電器、橡膠及塑料、食品、金屬加工等製造業中獲得了廣泛應用。基於工業機器人的自動化生產線已經成為日本等發達國家的主流自動化裝備，也逐漸成為中國自動化裝備的發展方向和主流。工業機器人主要用於焊接、搬運、刷漆、組裝等工作。

（1）工業機器人的構成

工業機器人通常由機器人本體、驅動系統、感測系統和控制系統四個基本部分組成。

1）機器人本體　機器人本體通常由機座、臂部、腕部和手部（末端執行器）等構成，如圖 1-2 所示。機器人本體又稱機械手，若沒有其他

部分，它本身並不能稱為機器人。它的任務是精確地保證末端執行器所要求的位置、姿態和運動軌跡。根據運動合成類型的不同，機器人機械本體有直角座標型、極座標型、圓柱座標型、關節型等多種，其中關節型居多。關節型機器人的機座、臂部、腕部和手部透過關節連接起來，關節處安裝直流伺服電動機，驅動關節轉動。工作時透過各個關節的運動合成末端執行器的位置和姿態。機械本體一般有 3～6 個自由度，其中手腕部有 1～3 個，用來合成末端執行器姿態。

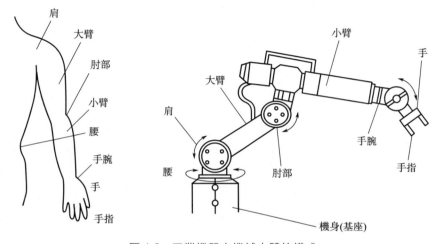

圖 1-2　工業機器人機械本體的構成

2）驅動系統　通常由動力裝置和傳動機構組成，用來驅動執行機構執行並完成相應的動作。常用的動力裝置有電動、液動和氣動三種類型。無論是用伺服電動機還是用液壓缸或用氣缸作為動力裝置，一般都要求透過傳動機構與執行機構相連。傳動機構類型有齒輪傳動、諧波齒輪傳動、鏈傳動、螺旋傳動和帶傳動等。

3）感測系統　是機器人的感知系統，由內部感測器和外部感測器兩大部分組成。內部感測器的作用是檢測機器人本身的狀態（如位置、速度等）並提供給控制系統。而外部感測器則用來監測機器人所處的工作環境。常用的感測器有視覺感測器、接近感測器和力感測器等。

4）控制系統　是機器人的指揮中心，由中央處理控制單元、記憶單元、伺服控制單元、感測控制單元等組成。它負責接收操作人員的作業指令和內外環境資訊的採集，並能根據預定策略進行判斷和決策，向各個運動執行機構輸出相應的控制訊號。各個運動執行機構在其控制下執行規定的運動，完成特定的作業。

（2）工業機器人的分類

工業機器人的分類方法有多種，可按照驅動方式、運動軌跡控制方式、控制方法、座標係類型和智慧程度等進行分類。

1）按照驅動方式　按照驅動方式，工業機器人可分為電驅動、液壓驅動和氣壓驅動三大類。

① 電驅動機器人　利用伺服電動機或步進電動機進行驅動，這類機器人應用最多，焊接機器人大部分為電驅動機器人。

② 液壓驅動機器人　利用伺服控制的液壓缸進行驅動，某些重型機器人如搬運、點焊機器人等採用液壓驅動方式。

③ 氣壓驅動機器人　利用空氣壓縮機和氣缸進行驅動，其控制精度較低，在工業中應用較少。

2）按照運動軌跡控制方式　按照運動軌跡控制方式，工業機器人可分為點位控制（PTP）、連續軌跡控制（CP）、可控軌跡機器人三種。

① 點位控制（PTP）機器人　僅對末端執行器在一次運動過程中的始點和終點進行編程控制，而其移動具體路徑通常為最直接、最經濟的路徑。這種機器人結構簡單，價格便宜。點焊、搬運機器人通常為 PTP 型機器人。

② 連續軌跡控制（CP）機器人　又稱為可控軌跡機器人，這類機器人可控制末端執行器在一次運動過程中透過某一軌跡上特定數量的點並作一定時間的停留，並對這些點之間的移動軌跡做平滑處理，使得末端操作器能夠沿著規定的路徑平穩地行走。要經過的這些點需要事先編程確定。

③ 可控軌跡機器人　又稱計算軌跡機器人，這類機器人可根據任務要求精確地計算出滿足要求的運動軌跡，而且運動精度很高，使用時只需設定起點和終點座標，機器人控制系統自己計算出最佳軌跡。

弧焊機器人通常為連續軌跡控制（CP）機器人，電阻點焊機器人通常為點位控制機器人。

3）按照控制方法　按照控制方法分類，工業機器人可分為程控型機器人、示教型機器人、數控型機器人、自適應控制型機器人和智慧控制機器人等。

① 程控型機器人　又稱順序控制機器人，這種機器人根據預先設置的程序完成一系列特定的動作，動作順序通常採用邏輯控制裝置、可編程控制器或單片機發送指令並進行邏輯控制，利用限位開關、凸輪、擋

塊、矩陣插銷板、步進選線器、順序轉鼓等機械裝置來設置工作順序、位置等，實現位置控制。這種機器人結構簡單，成本低廉，適合於大量生產中的簡單、重複作業。

② 示教型機器人　又稱再現型機器人，這種機器人透過人工示教過程對工作任務進行編程。人工示教過程就是利用示教盒控制末端執行器沿著預定路徑行走，並在若干關鍵節點上設置加工工藝參數，模擬完成指定的任務；儲存器將位置感測器發送的資訊記錄下來並保存為程序。機器人在工作過程中透過執行該程序再現示教的路徑和工藝參數。

③ 數控型機器人　又稱可控軌跡機器人，這種機器人也要進行示教，但示教過程不是手動示教，而是透過編程來確定關鍵點之間的運動軌跡，操作人員僅需指定這些關鍵點以及各點之間的曲線類型。

④ 自適應控制型機器人　能夠自動感知周圍工作條件的變化，並做出調整以適應這種變化，更好地完成工作任務。

⑤ 智慧控制機器人　不僅能夠感知周圍條件的變化並做出調整，而且能夠在資訊不充分的情況下和環境迅速變化的條件下進行深入分析，更好地完成工作任務。這種機器人更接近於人，但要它和我們人類思維一模一樣還是很難的。

4）按照座標係類型　按照機械手的座標特性，工業機器人可分為直角座標機器人、球面座標機器人、圓柱座標機器人、關節型機器人等，如圖 1-3 所示。

直角座標型機器人也稱機床型機器人，其手部可沿直角座標三個座標軸方向平移，如圖 1-3(a) 所示。球座標型機器人的手部能回轉、俯仰和伸縮運動，如圖 1-3(b) 所示。圓柱座標型機器人的手部可作升降、回轉和伸縮動作，如圖 1-3(c) 所示。多關節型機器人的臂部有多個轉動關節，如圖 1-3(d) 所示。

5）按照機器人的智慧程度　按照機器人的智慧程度，工業機器人可分為示教再現型機器人和智慧機器人。

① 示教再現型機器人　通常稱為示教機器人，屬於第一代機器人。這類機器人需要操作者用示教盒引導機器人末端執行器沿著預定運動軌跡行走，對一些關鍵節點、姿態、運動速度、作業順序等進行編程並儲存在機器人儲存器中，即進行所謂的示教。將示教的過程透過程序儲存在控制器的儲存單元中。工作過程中，機器人執行儲存的程序，以很高的精度不斷重複再現所示教的內容。

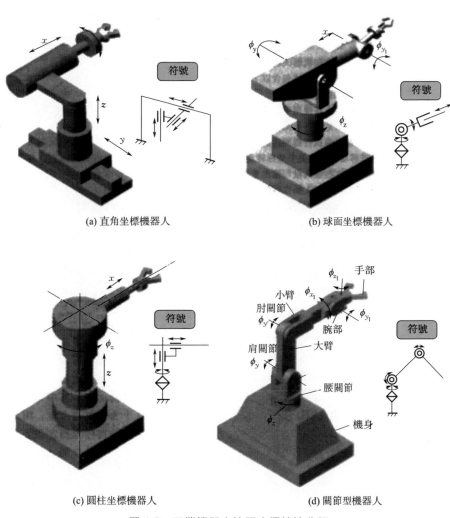

(a) 直角坐標機器人　　　　　　　(b) 球面坐標機器人

(c) 圓柱坐標機器人　　　　　　　(d) 關節型機器人

圖 1-3　工業機器人按照座標特性分類

② 智慧機器人　又可分為感測型機器人和自主型機器人等。感測型機器人裝有外部感測器，能夠感知外部環境的變化，並根據這種變化進行適當的修正，以更好地完成預定的任務。自主型機器人具有一定的決策能力，能夠對感知的複雜資訊進行分析，並基於分析的結果對任務進行規劃或決策。

除以上分類方法外，工業機器人還可按照應用領域進行分類，例如工業機器人分為焊接機器人、搬運機器人、裝配機器人等。

(3) 工業機器人的有關技術術語

1) 關節　關節是機器人本體的兩個或多個剛性桿件（機器人的手臂）的連接部位，各個桿件之間的相對運動是透過關節實現的。根據運動形式不同，關節有移動關節、旋轉關節兩類。移動關節是實現桿件直線運動的關節；而旋轉關節是實現桿件旋轉運動的關節。有些關節既可實現直線運動又可實現旋轉運動，機器人運動學上通常把這類關節看作是兩個獨立的關節。

2) 桿件　桿件指機器人手臂上兩個關節之間的剛性件，又稱連桿。它相當於人類的小手臂和大手臂。

3) 軸數　又稱關節數，指機器人具有的獨立運動軸或關節的數量。大部分弧焊機器人有 6 個軸，而電阻點焊機器人有 5 個或 6 個軸。

4) 自由度　反映機器人靈活性的重要指標。自由度一般和軸數相同，通常為 3~6 個。弧焊和切割機器人至少需要 6 個自由度，點焊機器人需要 5 個自由度。

5) 工作空間　指工業機器人執行任務時，其腕軸交點能活動的範圍。通常用最大垂直運動範圍和最大水準運動範圍來表徵。最大垂直運動範圍是指機器人腕部能夠到達的最低點（通常低於機器人的基座）與最高點之間的範圍。最大水平運動範圍是指機器人腕部能水平到達的最遠點與機器人基座中心線的距離。

6) 額定負載　工業機器人在一定的操作條件下，其機械介面處能承受的最大負載（包括末端操作器），用質量或力矩表示。

7) 定位精度　定位精度用於表徵機器人末端操作器或其機械介面達到指定位姿的能力。通常指機器人末端操作器在某一指令下達到的實際位姿和指令規定的理想目標位姿之間的誤差。目前定位精度可達 0.01mm。

8) 解析度　解析度是指機器人手臂運動的最小步距。

9) 重複精度　重複精度是指工業機器人在同一條件下，重複執行 n 次同一操作命令所測得的位姿或軌跡的一致程度。分為重複位姿精度和重複軌跡精度兩種。定位精度和重複精度是兩個完全不同的概念。對於大部分工業機器人來說，運動的實際位姿或軌跡與指令設定的理想位姿或軌跡之間的誤差有可能較大，即定位精度可能較大，但連續幾次運動的位置或軌跡重複誤差通常很小。實際生產中，只要重複精度足夠高就能滿足要求。定位精度受重力變形的影響較大，而重複精度則不受重力變形的影響，因為重力變形引起的誤差是重複出現的。

10) 最大工作速度　最大工作速度是指機器人主要關節的最大速度。

11）最大工作加速度　最大工作加速度是指機器人主要關節的最大加速度。

12）工作週期　工作週期又稱為工作循環時間，指完成一項任務或操作所用的時間。這是一個非常重要的指標，工作週期越短，其工作效率越高，競爭力越強。提高工作效率的方法是增大驅動功率、降低關節和桿件的質量以及採用更有效的控制方法。盡量採用力矩大、力矩特性好、質量小、慣性小的驅動電動機。降低關節和桿件質量的同時，應保證其強度和剛度，即桿件和關節要求具有大的比強度和比剛度，為此桿件通常採用錐形的。先進的機器人還採用纖維增強複合材料來有效提高比強度和比剛度。所採用的控制方法應具有較快的運算速度和成熟的軌跡計算方法，以節省軌跡和任務規劃時間。目前機器人的工作週期已經能夠做得很短，比如 ABB 公司的一款小型機器人「IRBI20」的每千克物料拾取節拍僅為 0.58s。

13）運動控制方式　有點位控制型和連續軌跡型兩種。

14）驅動類型　驅動類型主要有電動型、液壓驅動型和氣壓驅動型。

15）柔度　柔度是指機器人在外力或力矩作用下，某一軸因變形而造成的角度或位置變化。

16）使用壽命、可靠性和維護性　目前工業機器人的平均使用壽命一般為 10 年以上，好的可達到 15 年。由於機器人的設計盡量採用較少的、易於更換的零件，這樣只需儲備少量的備件就可以進行零件更換，平均維修時間不超過 8h。

（4）機器人運動精度的影響因素

定位精度和重複精度是機器人重要的性能指標，對機器人工作品質及機器人製造的產品品質具有很大的影響。定位精度和重複精度不僅取決於機器人本身的設計及製造品質，還受使用條件和環境的影響，因此了解機器人運動精度的影響因素是非常重要的。

影響機器人定位精度和重複精度的因素主要有：

① 機器人機械結構設計及製造品質、控制方法和控制系統誤差。機器人設計時，應根據運動精度影響因素嚴格控制各個部件的允許誤差和公差配合，並根據工作要求選擇合適的材料，製造時應嚴格保證設計的尺寸和性能要求。

② 機器人工作過程中作用在機器人機械介面處的重力（即機器人的負載）以及機器人負載引起的手臂垂直變形。重力主要影響機器人的定位精度。通常情況下，如果機器人負載不超過規定值，重力對定位精度影響較小。但如果超過規定負載，則定位精度會明顯下降，機器人負載

越大或臂長越長，定位精度下降越嚴重。在負載不變的情況下，機器人負載對重複精度的影響很小，因為只要機器人的負載相同，手臂的變形量也相同，即使這個變形量很大（即定位精度較差），由於該變形量是重複出現的，機器人的重複精度也是比較高的。

③ 使用過程中導致的傳動齒輪的松動和傳動皮帶的松弛。這類變形會導致傳動誤差，即速比誤差，從而引起位置誤差。齒輪在相互嚙合過程中不可避免地會存在間隙，這種間隙與齒輪的加工精度和公差配合有關，也與服役時間有關。加工精度差或服役時間長均會導致間隙增大，位置誤差增大。通常齒輪間隙應控制在 0.1mm 以下。

④ 慣性力引起的徑向變形以及尺寸較長的轉動元件發生的扭曲變形。機器人手臂桿件繞其軸線做旋轉運動時，在桿件徑向會產生慣性力，進而引起徑向變形和其他桿件的彎曲變形。大部分情況下，由於機器人手臂運動速度較小，這些變形可忽略不計。但在高速運動時，其影響則較大。

此外，熱效應引起的機器人手臂連桿膨脹或收縮、軸承間隙、控制方法或控制系統的誤差也會帶來運動誤差。

1.1.3　焊接機器人

（1）焊接機器人的構成

用於進行焊接作業的機器人稱為焊接機器人。焊接機器人由機器人本體、控制櫃和教導器構成，焊接機器人需要與相應的焊接設備（包括焊接電源、焊槍、送絲機構和保護氣輸送系統等）、焊接工裝夾具、焊接感測器及系統安全保護設施等配合起來才能完成焊接工作。

焊接機器人基本上為關節機器人，一般有 5 個或 6 個自由度（軸），如圖 1-4 所示。電阻點焊機器人通常採用 5 自由度機器人，電弧焊通常採用 6 自由度機器人。腰關節、肩關節及肘關節三個自由度用於將焊槍送到期望的空間位置，而腕關節的 2 個或 3 個自由度用於確定焊槍的姿態。

與其他工業機器人相比，焊接機器人工作環境比較惡劣，工作過程中有弧光、飛濺、煙塵、高頻干擾和高溫等，而且工件裝配誤差的不確定性和焊接過程中的熱變形也增加了機器人工作環境的複雜性。這些都對焊接機器人的感測系統提出了更高的要求。

（2）焊接機器人的分類

焊接機器人除了可按照工業機器人的分類方法進行分類外，還可按照焊接方法進行分類。根據焊接方法的不同，焊接機器人可分為弧焊機器人、電阻點焊機器人、攪拌摩擦焊機器人和激光焊機器人等。

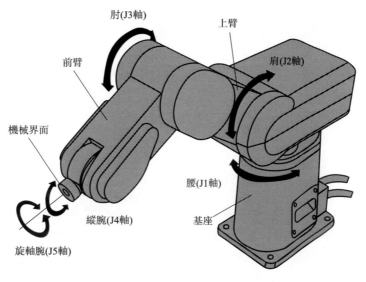

肘(J3軸)

上臂

前臂

肩(J2軸)

機械界面

腰(J1軸)

縱腕(J4軸)

基座

旋軸腕(J5軸)

(a) 5自由度機器人

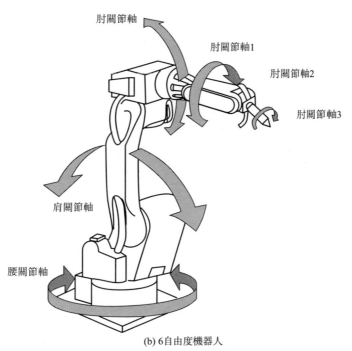

肘關節軸

肘關節軸1

肘關節軸2

肘關節軸3

肩關節軸

腰關節軸

(b) 6自由度機器人

圖 1-4　焊接機器人的自由度

1.2　機器人運動學基礎

　　所謂機器人學就是設計和應用機器人系統所涉及的理論知識和技術。機器人系統是一個複雜的系統，包括機器人本體、驅動機構、控制器、末端執行機構、配套的工藝裝備等，涉及數學、機械、電氣、自動控制、電腦等多門學科，因此機器人學是一門交叉學科。

1.2.1　位置與姿態描述方法

　　機器人系統是透過末端執行器的複雜空間運動來執行並完成工作任務的，而末端執行器的運動是由機器人各個關節的運動合成的。有時，末端執行器還要與配套的其他機加工裝置或裝配裝置協調運動。因此機器人運動學不僅要描述機械手單一剛體的位置、位移、速度和加速度，而且還要設計機械手各個剛體之間、機械手與周圍其他剛體之間的運動關係。在機器人運動學中，為了便於對各個關節和桿件的位置和運動進行描述和控制，各個桿件上均需要設置一特定的座標係。每個桿件上的各個質點的位置首先用桿件座標係中的矢量描述。而各個桿件以及桿件與其他剛體之間的關係透過座標變換來完成，常用的座標變換為齊次變換。

　　機器人可用的座標係有直角座標係、圓柱座標係和球面座標係。工業機器人常用直角座標係，下面將以直角座標係為例來介紹位姿的描述方法。

　　（1）點位置描述

　　通常用三個相互垂直的單位矢量表示一個直角座標係。建立了直角座標係 $\{A\}$ 後，空間中任何一個點的位置可用 3×1 位置矢量 $^A\boldsymbol{p}$ 來表示，如圖 1-5 所示。

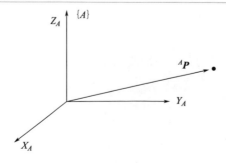

圖 1-5　座標係{A}中的位置矢量 $\boldsymbol{P}$

$$^A\boldsymbol{p} = \begin{bmatrix} p_x \\ p_y \\ p_z \end{bmatrix} \qquad (1\text{-}1)$$

右上標 A 表示矢量 $\boldsymbol{p}$ 是座標係 $\{A\}$ 中的矢量，p_x、p_y 和 p_z 為矢量 $\boldsymbol{p}$ 在 $\{A\}$ 座標係三個座標軸上的分量。

（2）姿態描述

為了確定機器人手臂某一桿件、末端執行器或加工部件等剛體的狀態，僅描述一個點的位置是不夠的，還要確定其方位，即姿態。例如，在圖 1-6 中，末端執行器左下指端的位置可用 3×1 位置矢量 $^A\boldsymbol{p}$ 來表徵，但末端執行器的方位不同，其上的其他各點的位置是不同的，即末端執行器所處的狀態是不同的。為了完全確定其狀態，需要設立一個與剛體桿件剛性連接的已知座標係 $\{B\}$，如圖 1-6 所示。座標係 $\{B\}$ 的原點通常設置在剛體（此處為末端操作器）的某個特徵點，例如質心、對稱

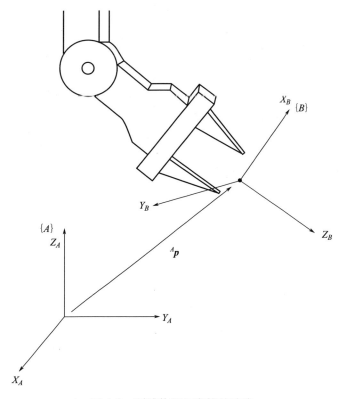

圖 1-6　剛體位置和姿態的確定

中心或某一端點。i_B、j_B 和 k_B 為座標係 $\{B\}$ 的三個座標軸上的單位矢量，i_A、j_A 和 k_A 為座標係 $\{A\}$ 的三個座標軸上的單位矢量。相對於座標係 $\{A\}$，座標係 $\{B\}$ 三個座標軸的單位矢量記作 $^A i_B$、$^A j_B$ 和 $^A k_B$。將這三個單位矢量用 3×3 矩陣來表示，並記作：

$$^A_B \boldsymbol{R} = [^A i_B \, ^A j_B \, ^A k_B] = \begin{bmatrix} r_{11} & r_{12} & r_{13} \\ r_{21} & r_{22} & r_{23} \\ r_{31} & r_{32} & r_{33} \end{bmatrix} \tag{1-2}$$

$^A_B \boldsymbol{R}$ 稱為旋轉矩陣，左上標 A 表示相對於 $\{A\}$ 座標係，左下標表示被描述的是 $\{B\}$ 座標係。式中 r_{ij} 可用上面兩個座標係的主單位矢量計算，因此有

$$^A_B \boldsymbol{R} = [^A i_B \, ^A j_B \, ^A k_B] = \begin{bmatrix} i_B \cdot i_A & j_B \cdot i_A & k_B \cdot i_A \\ i_B \cdot j_A & j_B \cdot j_A & k_B \cdot j_A \\ i_B \cdot k_A & j_B \cdot k_A & k_B \cdot k_A \end{bmatrix} \tag{1-3}$$

兩個單位矢量的點積等於兩個矢量夾角的餘弦，因此上面矩陣中的各元素又稱為方向餘弦。這個矩陣唯一地表示了末端執行器的姿態。

（3）位姿描述

確定了剛體的位置和姿態，其狀態就完全確定了。在機器人學中，通常選擇剛體的某一特徵點，確定該特徵點在座標係 $\{A\}$ 中的位置，以該特徵點為原點建立座標係 $\{B\}$。用該特徵點的位置矢量 $^A p_B$ 和旋轉矩陣 $^A_B \boldsymbol{R}$ 分別描述剛體的位置和位姿，則其位姿用 $^A p_{BO}$ 和 $^A_B \boldsymbol{R}$ 組成的座標係來描述。

$$\{B\} = [^A p_{BO} \quad ^A_B \boldsymbol{R}] \tag{1-4}$$

1.2.2 座標變換

（1）座標平移

如果座標係 $\{B\}$ 與 $\{A\}$ 具有相同位向，僅僅是座標原點不同，如圖 1-7 所示，則可用位移矢量 $^A p_{BO}$ 來描述 $\{B\}$ 相對於 $\{A\}$ 的位置，$^A p_{BO}$ 稱為 $\{B\}$ 相對於 $\{A\}$ 的平移矢量。對於在座標係 $\{B\}$ 中已知的任意一點 p，其位置矢量為 $^B p$，可利用下式計算其在 $\{A\}$ 中的位置矢量：

$$^A p = {}^B p + {}^A p_{BO} \tag{1-5}$$

該式稱為座標平移方程。

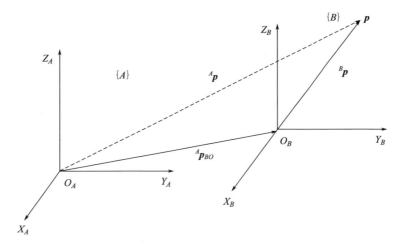

圖 1-7　平移座標變換

（2）旋轉座標變換

如果座標系 ｛B｝ 與 ｛A｝ 具有相同的座標原點，僅僅是方位不同，如圖 1-8 所示，則可用旋轉矩陣 $^A_B\boldsymbol{R}$ 來描述 ｛B｝ 相對於 ｛A｝ 的方位。對於在座標系 ｛B｝ 中已知的任意一點 p，其位置矢量為 $^B\boldsymbol{p}$，可利用下式計算其在 ｛A｝ 的位置矢量：

$$^A\boldsymbol{p}=\,^A_B\boldsymbol{R}\,^B\boldsymbol{p} \tag{1-6}$$

該式稱為座標旋轉方程。

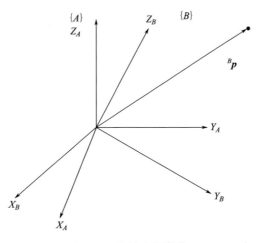

圖 1-8　旋轉座標變換

(3) 一般座標系變換

最常遇到的情況是座標係 {B} 與 {A} 的位向和原點均不相同，如圖 1-9 所示。這種情況下，需要進行複合變換。{B} 座標係原點相對於 {A} 的位置用位置矢量 $^A\boldsymbol{p}_{BO}$ 來描述，{B} 座標係相對於 {A} 的方位用旋轉矩陣 $^A_B\boldsymbol{R}$ 來描述。透過引入一中間座標係可將座標係 {B} 中任意已知點 p 的位置矢量 $^B\boldsymbol{p}$ 變換為相對於 {A} 的位置矢量。設定一個座標係 {C}，其原點與 {B} 相同，其方位與 {A} 相同。透過座標旋轉方程將 $^B\boldsymbol{p}$ 變換到 {C}，然後再透過平移變換方程從 {C} 變換到 {A}，可得：

$$^A\boldsymbol{p} = {}^A_B\boldsymbol{R}\,^B\boldsymbol{p} + {}^A\boldsymbol{p}_{BO} \tag{1-7}$$

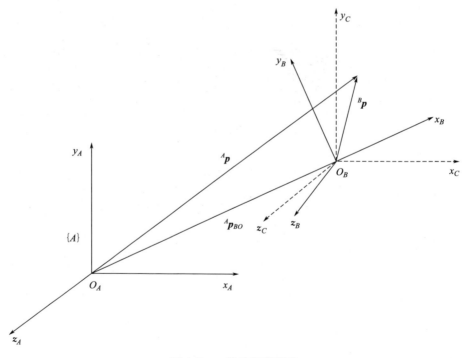

圖 1-9　一般座標係變換

(4) 齊次座標

機器人運動學中，分析各個剛性桿件之間的運動關係的方法有多種，齊次變換是最常用的一種，其特點是直覺、方便、計算速度快。利用齊次變換將一個矢量從一個座標係變換到另一個座標係時，可同時完成平

移和旋轉操作。要進行齊次變換，必須將矢量用齊次座標係描述。

所謂齊次座標就是將 n 維直角座標係的 n 維向量用 $n+1$ 維向量來表示。對於空間向量 $\boldsymbol{p}$

$$\boldsymbol{p} = \begin{bmatrix} p_x \\ p_y \\ p_z \end{bmatrix} \tag{1-8}$$

引入一個比例因子 w，將 $\boldsymbol{p}$ 寫為

$$\boldsymbol{p} = \begin{bmatrix} x \\ y \\ z \\ w \end{bmatrix} \tag{1-9}$$

式中，$x = w p_x$；$y = w p_y$；$z = w p_z$。

這種表示方法稱為齊次座標。w 作為第四個元素，可任意變化，向量大小也會發生變化。當 $w=1$ 時，向量大小不變；當 $w=0$ 時，向量無窮大；當 $w>1$ 時，向量被放大；當 $w<1$ 時，向量被縮小。這裡，向量的長度並不重要，重要的是向量方向。

(5) 齊次變換

1) 座標平移齊次變換　如圖 1-7 所示，座標係 $\{B\}$ 與 $\{A\}$ 具有相同位向，僅是座標原點不同，用位移矢量 $^A\boldsymbol{p}_{BO}$ 來描述 $\{B\}$ 相對於 $\{A\}$ 的位置，$^A\boldsymbol{p}_{BO}$ 稱為 $\{B\}$ 相對於 $\{A\}$ 的平移矢量。對於在座標係 $\{B\}$ 中已知的任意一點 p，其位置矢量為 $^B\boldsymbol{p} = \begin{bmatrix} x & y & z & w \end{bmatrix}^T$，已知 $^A\boldsymbol{p}_{BO} = a\boldsymbol{i} + b\boldsymbol{j} + c\boldsymbol{k}$，$^B\boldsymbol{p}$ 在 $\{A\}$ 的位置矢量利用下式計算：

$$^A\boldsymbol{p} = {}^B\boldsymbol{p} + {}^A\boldsymbol{p}_{BO} = w \begin{bmatrix} a + \dfrac{x}{w} \\ b + \dfrac{y}{w} \\ c + \dfrac{z}{w} \\ 1 \end{bmatrix} = \begin{bmatrix} x + aw \\ y + bw \\ z + cw \\ w \end{bmatrix} = \begin{bmatrix} 1 & 0 & 0 & a \\ 0 & 1 & 0 & b \\ 0 & 0 & 1 & c \\ 0 & 0 & 0 & 1 \end{bmatrix} \begin{bmatrix} x \\ y \\ z \\ w \end{bmatrix}$$

$$= \begin{bmatrix} 1 & 0 & 0 & a \\ 0 & 1 & 0 & b \\ 0 & 0 & 1 & c \\ 0 & 0 & 0 & 1 \end{bmatrix} {}^B\boldsymbol{p} \tag{1-10}$$

也就是說透過 $\begin{bmatrix} 1 & 0 & 0 & a \\ 0 & 1 & 0 & b \\ 0 & 0 & 1 & c \\ 0 & 0 & 0 & 1 \end{bmatrix}$ 可將 $\{B\}$ 中已知的任意一矢量轉換為

$\{A\}$ 中的矢量，因此稱該矩陣為齊次平移變換矩陣，記作：

$$H = \mathrm{Trans}(a,b,c) = \begin{bmatrix} 1 & 0 & 0 & a \\ 0 & 1 & 0 & b \\ 0 & 0 & 1 & c \\ 0 & 0 & 0 & 1 \end{bmatrix} \tag{1-11}$$

2）旋轉齊次變換　如圖 1-8 所示，對於在座標係 $\{B\}$ 中已知的任意一點 p，其位置矢量為 $^B\boldsymbol{p} = [x_B,\ y_B,\ z_B,\ 1]^{\mathrm{T}}$，在座標係 $\{A\}$ 中的矢量表示為 $^A\boldsymbol{p} = [x_A,\ y_A,\ z_A,\ 1]^{\mathrm{T}}$。$^B\boldsymbol{p}$ 在座標係 $\{A\}$ 三個軸向上的投影可用向量的點積公式計算：

$$x_A = \boldsymbol{i}_A \cdot {}^B\boldsymbol{p} = \boldsymbol{i}_A \cdot \boldsymbol{i}_B x_B + \boldsymbol{i}_A \cdot \boldsymbol{j}_B y_B + \boldsymbol{i}_A \cdot \boldsymbol{k}_B z_B \tag{1-12}$$

$$y_A = \boldsymbol{j}_A \cdot {}^B\boldsymbol{p} = \boldsymbol{j}_A \cdot \boldsymbol{i}_B x_B + \boldsymbol{j}_A \cdot \boldsymbol{j}_B y_B + \boldsymbol{j}_A \cdot \boldsymbol{k}_B z_B \tag{1-13}$$

$$z_A = \boldsymbol{k}_A \cdot {}^B\boldsymbol{p} = \boldsymbol{k}_A \cdot \boldsymbol{i}_B x_B + \boldsymbol{k}_A \cdot \boldsymbol{j}_B y_B + \boldsymbol{k}_A \cdot \boldsymbol{k}_B z_B \tag{1-14}$$

式中，$\boldsymbol{i}_B$、$\boldsymbol{j}_B$ 和 $\boldsymbol{k}_B$ 為座標係 $\{B\}$ 的三個座標軸上的單位矢量；$\boldsymbol{i}_A$、$\boldsymbol{j}_A$ 和 $\boldsymbol{k}_A$ 為座標係 $\{A\}$ 的三個座標軸上的單位矢量。

用矩陣形式表示：

$$
\begin{aligned}
^A\boldsymbol{p} &= \begin{bmatrix} x_A \\ y_A \\ z_A \\ 1 \end{bmatrix} = \begin{bmatrix} \boldsymbol{i}_A \cdot \boldsymbol{i}_B x_B + \boldsymbol{i}_A \cdot \boldsymbol{j}_B y_B + \boldsymbol{i}_A \cdot \boldsymbol{k}_B z_B \\ \boldsymbol{j}_A \cdot \boldsymbol{i}_B x_B + \boldsymbol{j}_A \cdot \boldsymbol{j}_B y_B + \boldsymbol{j}_A \cdot \boldsymbol{k}_B z_B \\ \boldsymbol{k}_A \cdot \boldsymbol{i}_B x_B + \boldsymbol{k}_A \cdot \boldsymbol{j}_B y_B + \boldsymbol{k}_A \cdot \boldsymbol{k}_B z_B \\ 1 \end{bmatrix} \\[2mm]
&= \begin{bmatrix} \boldsymbol{i}_B \cdot \boldsymbol{i}_A & \boldsymbol{j}_B \cdot \boldsymbol{i}_A & \boldsymbol{k}_B \cdot \boldsymbol{i}_A & 0 \\ \boldsymbol{i}_B \cdot \boldsymbol{j}_A & \boldsymbol{j}_B \cdot \boldsymbol{j}_A & \boldsymbol{k}_B \cdot \boldsymbol{j}_A & 0 \\ \boldsymbol{i}_B \cdot \boldsymbol{k}_A & \boldsymbol{j}_B \cdot \boldsymbol{k}_A & \boldsymbol{k}_B \cdot \boldsymbol{k}_A & 0 \\ 0 & 0 & 0 & 1 \end{bmatrix} \begin{bmatrix} x_B \\ y_B \\ z_B \\ 1 \end{bmatrix} \\[2mm]
&= \begin{bmatrix} \boldsymbol{i}_B \cdot \boldsymbol{i}_A & \boldsymbol{j}_B \cdot \boldsymbol{i}_A & \boldsymbol{k}_B \cdot \boldsymbol{i}_A & 0 \\ \boldsymbol{i}_B \cdot \boldsymbol{j}_A & \boldsymbol{j}_B \cdot \boldsymbol{j}_A & \boldsymbol{k}_B \cdot \boldsymbol{j}_A & 0 \\ \boldsymbol{i}_B \cdot \boldsymbol{k}_A & \boldsymbol{j}_B \cdot \boldsymbol{k}_A & \boldsymbol{k}_B \cdot \boldsymbol{k}_A & 0 \\ 0 & 0 & 0 & 1 \end{bmatrix} {}^B\boldsymbol{p}
\end{aligned} \tag{1-15}
$$

因此旋轉變換矩陣可表示為：

$$\boldsymbol{R}_B^A = \begin{bmatrix} \boldsymbol{i}_B \cdot \boldsymbol{i}_A & \boldsymbol{j}_B \cdot \boldsymbol{i}_A & \boldsymbol{k}_B \cdot \boldsymbol{i}_A & 0 \\ \boldsymbol{i}_B \cdot \boldsymbol{j}_A & \boldsymbol{j}_B \cdot \boldsymbol{j}_A & \boldsymbol{k}_B \cdot \boldsymbol{j}_A & 0 \\ \boldsymbol{i}_B \cdot \boldsymbol{k}_A & \boldsymbol{j}_B \cdot \boldsymbol{k}_A & \boldsymbol{k}_B \cdot \boldsymbol{k}_A & 0 \\ 0 & 0 & 0 & 1 \end{bmatrix} \qquad (1\text{-}16)$$

$\boldsymbol{R}_B^A$ 中第一列元素為座標係 $\{B\}$ 的 X 軸單位矢量在座標係 $\{A\}$ 三個軸向上的投影分量,第二和第三列分別為座標係 $\{B\}$ 的 Y 軸和 Z 軸單位矢量在座標係 $\{A\}$ 三個軸向上的投影分量。這三列分別表示座標係 $\{B\}$ 三個軸在座標係 $\{A\}$ 中的方向。

座標係 $\{B\}$ 繞座標係 $\{A\}$ 的單個軸的轉動被稱為基本轉動,這種轉動的變換矩陣稱為基本轉動矩陣。如果轉動角度為 α,則三個基本轉動矩陣可表示為:

$$\text{Rot}(x,\alpha) = \begin{bmatrix} 1 & 0 & 0 & 0 \\ 0 & \cos\alpha & -\sin\alpha & 0 \\ 0 & \sin\alpha & \cos\alpha & 0 \\ 0 & 0 & 0 & 1 \end{bmatrix} \qquad (1\text{-}17)$$

$$\text{Rot}(y,\alpha) = \begin{bmatrix} \cos\alpha & 0 & \sin\alpha & 0 \\ 0 & 1 & 0 & 0 \\ -\sin\alpha & 0 & \cos\alpha & 0 \\ 0 & 0 & 0 & 1 \end{bmatrix} \qquad (1\text{-}18)$$

$$\text{Rot}(z,\alpha) = \begin{bmatrix} \cos\alpha & -\sin\alpha & 0 & 0 \\ \sin\alpha & \cos\alpha & 0 & 0 \\ 0 & 0 & 1 & 0 \\ 0 & 0 & 0 & 1 \end{bmatrix} \qquad (1\text{-}19)$$

3) 複合齊次變換　機器人操作過程中,某一剛性桿件在參考座標係中的運動通常是由平移和旋轉等基本運動構成的複雜運動。運動前後的位置可透過複合齊次變換來描述。與剛性桿件相連的座標係是運動座標係,通常用某一固定座標係作為參考座標係。

複合齊次變換是基本齊次變換矩陣的乘積,計算時要注意基本矩陣的位置要按照變換的順序來排列,先進行的變換其基本變換矩陣排在右邊,即從運動座標係向參考座標係進行複合變換是按照從右向左的順序依次變換的。順序不得顛倒,這是因為矩陣乘法不滿足交換律。

例如:參考座標係 $\{A\}$ 為 $OXYZ$,運動座標係 $\{B\}$ 透過如下操作得到:先繞 X 軸旋轉 α,然後繞 Y 軸旋轉 φ,最後相對於參考座標係原

點移動位置向量 $[a, b, c]^\mathrm{T}$，求複合齊次變換矩陣 ${}_B^A T$。

求解如下：

第一個基本變換矩陣為

$$T_1 = \mathrm{Rot}(x, \alpha) = \begin{bmatrix} 1 & 0 & 0 & 0 \\ 0 & \cos\alpha & -\sin\alpha & 0 \\ 0 & \sin\alpha & \cos\alpha & 0 \\ 0 & 0 & 0 & 1 \end{bmatrix} \tag{1-20}$$

第二個基本變換矩陣為

$$T_2 = \mathrm{Rot}(y, \varphi) = \begin{bmatrix} \cos\varphi & 0 & \sin\varphi & 0 \\ 0 & 1 & 0 & 0 \\ -\sin\varphi & 0 & \cos\varphi & 0 \\ 0 & 0 & 0 & 1 \end{bmatrix} \tag{1-21}$$

第三個基本變換矩陣為

$$T_3 = \mathrm{Trans}(a, b, c) = \begin{bmatrix} 1 & 0 & 0 & a \\ 0 & 1 & 0 & b \\ 0 & 0 & 1 & c \\ 0 & 0 & 0 & 1 \end{bmatrix} \tag{1-22}$$

$$ {}_B^A T = T_3 T_2 T_1 = \begin{bmatrix} 1 & 0 & 0 & a \\ 0 & 1 & 0 & b \\ 0 & 0 & 1 & c \\ 0 & 0 & 0 & 1 \end{bmatrix} \begin{bmatrix} \cos\varphi & 0 & \sin\varphi & 0 \\ 0 & 1 & 0 & 0 \\ -\sin\varphi & 0 & \cos\varphi & 0 \\ 0 & 0 & 0 & 1 \end{bmatrix} \begin{bmatrix} 1 & 0 & 0 & 0 \\ 0 & \cos\alpha & -\sin\alpha & 0 \\ 0 & \sin\alpha & \cos\alpha & 0 \\ 0 & 0 & 0 & 1 \end{bmatrix} $$
$$\tag{1-23}$$

利用 ${}_B^A T$ 可將運動座標系 {B} 中的任意向量變換為相對於參考座標系 {A} 中的向量。

對於給定座標系 {A}、{B} 和 {C}，如果已知 {B} 相對 {A} 的複合變換為 ${}_B^A T$，{C} 相對 {B} 的複合變換為 ${}_C^B T$，則 {C} 相對 {A} 的複合變換 ${}_C^A T$ 可如下計算：

$$ {}_C^A T = {}_B^A T \, {}_C^B T \tag{1-24}$$

(6) 齊次逆變換

從運動座標系 {B} 向參考座標系 {A} 的向量變換矩陣為 ${}_B^A T$，而從參考座標系 {A} 向運動座標系 {B} 的向量變換稱為齊次逆變換，其變換矩陣為 ${}_A^B T$。由於：

$$ {}_B^A T = {}_A^B T^{-1} \tag{1-25}$$

因此，從運動座標系 $\{B\}$ 向參考座標系 $\{A\}$ 的齊次變換為：

$$_B^A\boldsymbol{T}=\begin{bmatrix} m_x & n_x & o_x & p_x \\ m_y & n_y & o_y & p_y \\ m_z & n_z & o_z & p_x \\ 0 & 0 & 0 & 1 \end{bmatrix} \tag{1-26}$$

則有：

$$_A^B\boldsymbol{T}=\begin{bmatrix} m_x & m_y & m_z & -\boldsymbol{p}\cdot\boldsymbol{m} \\ n_x & n_y & n_z & -\boldsymbol{p}\cdot\boldsymbol{n} \\ o_x & o_y & o_z & -\boldsymbol{p}\cdot\boldsymbol{o} \\ 0 & 0 & 0 & 1 \end{bmatrix} \tag{1-27}$$

其中，$\boldsymbol{m}$、$\boldsymbol{n}$、$\boldsymbol{o}$ 和 $\boldsymbol{p}$ 為四個列矢量。

$$\boldsymbol{m}=[m_x,m_y,m_z]^{\mathrm{T}} \tag{1-28}$$

$$\boldsymbol{n}=[n_x,n_y,n_z]^{\mathrm{T}} \tag{1-29}$$

$$\boldsymbol{o}=[o_x,o_y,o_z]^{\mathrm{T}} \tag{1-30}$$

$$\boldsymbol{p}=[p_x,p_y,p_z]^{\mathrm{T}} \tag{1-31}$$

(7) 變換方程

要描述或控制機器人的運動，就必須建立機器人各個剛性桿件之間、機器人與環境之間的運動關係。這需要在各個桿件上建立動座標系，根據環境情況建立參考座標系，而且要確定各個座標系之間的變換關係。空間內任意剛體的位姿可以用多種方法來描述，但不管用哪種方法來描述，所得到的結果應該是相等的，這實際上就是矢量守恆理論（從一點出發到另外一點，不管路徑如何，其矢量是一定的）。機器人學中的變換方程就是根據該理論建立的。

以焊接機器人為例，如圖 1-10 所示。焊接時，焊槍座標系相對於工件座標系的位姿直接決定了焊接質量，這是機器人最終規劃的目標。而機器人是不能直接控制焊槍的，焊槍需要透過其他桿件和關節來間接控制。為了描述焊槍座標系相對於工件座標系的位姿 $_T^G\boldsymbol{T}$，可透過建立 $\{B\}$、$\{S\}$、$\{G\}$、$\{W\}$ 和 $\{T\}$ 等座標系來實現。$\{B\}$ 為基座標系，用作參考座標系；$\{S\}$ 為工作檯座標系；$\{G\}$ 為工件座標系（目標座標系）；$\{W\}$ 為腕部座標系；$\{T\}$ 為焊槍座標系。

通常用空間向量圖來控制焊槍座標系相對於工件座標系的位姿 $_T^G\boldsymbol{T}$，如圖 1-11 所示。

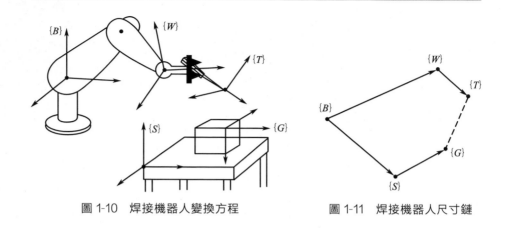

圖 1-10　焊接機器人變換方程　　　　　圖 1-11　焊接機器人尺寸鏈

工具座標系相對於參考座標系的位姿可透過 B-W-T 路徑進行描述，也可透過 B-S-G-T 路徑來描述：

$$_B^T T = {}_W^B T \, {}_T^W T$$

$$_B^T T = {}_S^B T \, {}_G^S T \, {}_T^G T$$

由於上述兩個變換的始點和終點相同，因此有：

$$_W^B T \, {}_T^W T = {}_S^B T \, {}_G^S T \, {}_T^G T$$

上式中的任何一個矩陣都可以利用其他的已知矩陣來計算。例如，${}_S^B T$、${}_G^S T$、${}_T^G T$ 和 ${}_W^B T$ 已知，可利用下式求出 ${}_T^W T$

$$_T^W T = {}_W^B T^{-1} \, {}_S^B T \, {}_G^S T \, {}_T^G T$$

而

$$_B^T T = {}_W^B T \, {}_T^W T = {}_W^B T \, {}_W^B T^{-1} \, {}_S^B T \, {}_G^W T \, {}_T^G T$$

1.2.3　機器人運動學簡介

機器人運動學研究靜態下機器人本體各個部分的位移、速度、加速度以及它們之間的關係，其主要目的和任務就是分析並確定末端操作器位姿和運動速度。機器人本體實際上是由若干個剛性桿件透過關節連接起來的連桿機構，這些剛性桿件稱為連桿。連接連桿的關節通常為一個自由度的關節。根據運動形式，機器人本體的單自由度關節主要有移動關節和轉動關節兩類。極少數情況下，機器人還使用多自由度的關節。對於 n 自由度關節，通常看作是由 n 個單自由度關節與 $n-1$ 個長度為零的連桿連接而成的組合關節。

進行機器人運動學分析，首先要建立機器人運動方程，又稱位姿方

程。機器人運動方程是機器人運動分析的基礎。其基本步驟為：在每個連桿上建立一個連桿座標係，用齊次變換來描述這些座標係之間的位姿關係，再按照 1.2.2 節闡述的齊次變換方程建立機器人運動方程。

（1）連桿運動參數

在機器人運動學分析過程中，通常忽略連桿的橫截面大小、剛度和強度，也忽略關節軸承的類型、外形、質量和轉動慣量等，把連桿看作一個限定相鄰兩關節軸位置關係的剛體，把關節軸看作是直線或矢量，這樣就可方便地描述任意一個連桿的狀態和其與相鄰連桿之間的關係。

為了便於描述，通常對機器人本體的各個連桿進行編號，將其基座命名為連桿 0，第 1 個可動連桿為連桿 1，以此類推，第 i 個連桿稱為連桿 i，機器人手臂最末端的連桿稱為連桿 n。

1）連桿自身狀態描述　連桿自身狀態可用連桿長度和連桿扭轉角兩個參數來描述。例如，中間連桿 $i-1$ 可用下列兩個參數描述，如圖 1-12 所示。

① 連桿長度 l_{i-1}　指連桿兩端關節軸之間的距離，即兩關節軸之間的公垂線長度 l_{i-1}，如圖 1-12 所示。在運動學分析中，公垂線 l_{i-1} 代表連桿 i，連桿方向定義為從關節軸 $i-1$ 到關節軸 i 的方向。當關節軸 i 和關節軸 $i-1$ 相交時，連桿 i 長度 $l_{i-1}=0$。

② 連桿扭轉角 α_{i-1}　指連桿兩端關節軸之間的夾角，如圖 1-12 所示。當關節軸 i 和關節軸 $i-1$ 平行時，$\alpha_{i-1}=0$。

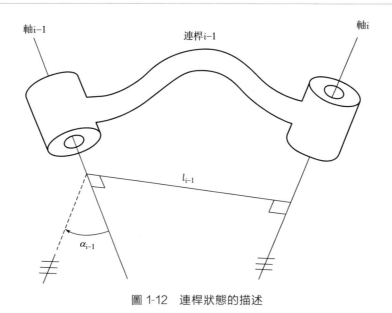

圖 1-12　連桿狀態的描述

對於首尾連桿，有如下約定：

$l_0 = l_n = 0$；$\alpha_0 = \alpha_n = 0$。

2）連桿的連接關係　相鄰兩連桿透過一個關節連接起來，這兩個連桿之間的連接關係可用該關節的兩個參數描述，例如連桿 $i-1$ 和連桿 i 透過關節 i 相連，兩者之間的連接關係可用關節軸 i 的下列兩個參數來描述。

① 關節軸上的連桿間距 d_i　描述兩個相鄰連桿的公垂線 l_{i-1} 和 l_i 之間的距離，如圖 1-13 所示。

② 關節角 θ_i　描述兩個相鄰連桿的公垂線 l_{i-1} 和 l_i 之間的夾角，如圖 1-13 所示。

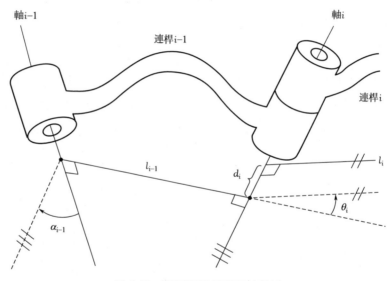

圖 1-13　兩相鄰連桿關係的描述

當關節 i 為移動關節時，連桿間距 d_i 是變量；當關節 i 為轉動關節時，關節角 θ_i 是變量。

3）連桿運動參數　每個連桿的運動可用上述四個參數來描述，例如連桿 $i-1$ 可用 $(l_{i-1}, \alpha_{i-1}, d_i, \theta_i)$ 描述。對於移動關節，d_i 為關節變量，其他三個參數固定不變。對於轉動關節，θ_i 為關節變量，其他三個參數固定不變。這種描述方法稱為 Denavit-Hartenberg 描述法，是機器人學中應用最廣泛的方法。對於一個 6 關節機器人，需要用 24 個參數來描述，其中 18 個參數是固定參數，6 個參數是變動參數，也就是說 6 關節機器人描述參數中有 6 個變量，因此稱為 6 自由度機器人。

（2）連桿座標係

機器人每個連桿上建立一個固連座標係，以便於透過齊次座標變換將各個連桿之間的運動關係聯繫起來，以確定末端執行器的位姿和運動。連桿 i 的固連座標係稱為座標係 $\{i\}$。基座座標係（連桿 0）$\{0\}$ 為一個固定座標係，其他座標係為動座標係。通常將座標係 $\{0\}$ 作為參考座標係，利用該座標係描述其他座標係的位置。理論上講，各個桿件的固連座標係可任意設定，但方便起見，通常按照圖 1-14 所示的原則來建立桿件固連座標係。

① 座標係 $\{i\}$ 的軸 Z_i 與關節軸 i 重合，其方向為指向關節 i。

② 其原點建立在公垂線 l_i 與關節軸 i 的交點上。

③ 軸 X_i 與 l_i 重合併指向關節 $i+1$。

④ 軸 Y_i 根據右手定則確定。

對於參考座標係 $\{0\}$，一般將關節 1 的關節矢量為 0 時的座標係 $\{1\}$ 定義為參考座標係 $\{0\}$，這樣總有 $l_0=0$ 和 $\alpha_0=0$，而且如果關節 1 為轉動關節，則 $d_1=0$；如果關節 1 為移動關節，則 $\theta_1=0$。

對於末端連桿座標係 $\{n\}$，如果關節 n 為轉動關節，設定 X_n 與 X_{n-1} 方向相同（即 $\theta_n=0$），而其座標原點的設定應使得 $d_n=0$；如果關節 n 為移動關節，設定座標係 $\{n\}$ 的原點位於 X_{n-1} 與關節軸 n 的交點上（即 $d_n=0$），而 X_n 軸的方向設定應使 $\theta_n=0$。

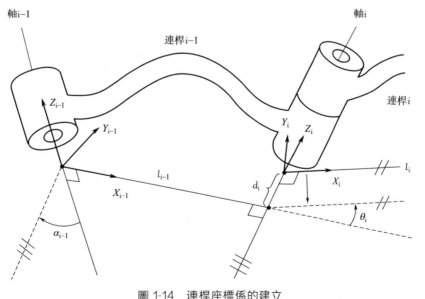

圖 1-14　連桿座標係的建立

按照上述規則建立座標係後，連桿參數（l_{i-1}，α_{i-1}，d_i，θ_i）可按照下面規則定義：

① l_{i-1} 為沿著 X_{i-1} 方向從 Z_{i-1} 到 Z_i 的距離。

② α_{i-1} 為繞 X_{i-1} 軸從 Z_{i-1} 旋轉到 Z_i 的角度。

③ d_i 為沿著 Z_i 方向從 X_{i-1} 到 X_i 的距離。

④ α_i 為繞 Z_i 軸從 X_{i-1} 旋轉到 X_i 的角度。

對於弧焊機器人，工具座標係建立在焊槍的焊絲端部。通常把焊絲端部作為原點，把焊絲向工件送進方向作為 Z 軸，面向機器人手臂本體看，水平向左方向為 Y 軸，離開機器人本體方向為 X 軸。

(3) 連桿變換矩陣

要將各個連桿的運動聯繫起來，僅僅建立連桿座標係是不夠的，還要確定各個連桿之間的變換關係。座標係 $\{i\}$ 相對於 $\{i-1\}$ 的變換記作 $_{i}^{i-1}\boldsymbol{T}$。將座標係 $\{i\}$ 中的任意一個矢量 $^{i}\boldsymbol{P}$ 變換到 $\{i-1\}$ 中，可先繞 X_{i-1} 軸旋轉 α_{i-1}，再沿著 X_{i-1} 軸平移 l_{i-1}，再繞 Z_{i-1} 旋轉 θ_i，最後再平移 d_i，即：

$$_{i}^{i-1}\boldsymbol{T}=R_x(\alpha_{i-1})D_x(l_{i-1})R_z(\theta_i)D_z(d_i)$$

轉化為矩陣，可表達為：

$$_{i}^{i-1}\boldsymbol{T}=\begin{bmatrix} \cos\theta_i & -\sin\theta_i & 0 & l_{i-1} \\ \sin\theta_i\cos\alpha_{i-1} & \cos\theta_i\cos\alpha_{i-1} & -\sin\alpha_{i-1} & -d_i\sin\alpha_{i-1} \\ \sin\theta_i\sin\alpha_{i-1} & \cos\theta_i\sin\alpha_{i-1} & \cos\alpha_{i-1} & d_i\cos\alpha_{i-1} \\ 0 & 0 & 0 & 1 \end{bmatrix}$$

一般情況下，每個關節只有一個自由度。對於轉動關節，連桿參數（l_{i-1}，α_{i-1}，d_i，θ_i）中只有 θ_i 為變量，因此 $_{i}^{i-1}\boldsymbol{T}=f(\theta_i)$；對於移動關節，只有 d_i 為變量，因此 $_{i}^{i-1}\boldsymbol{T}=f(d_i)$。

(4) 機器人運動學方程

對於 n 自由度機器人，將 n 個連桿變換矩陣相乘，即可得到機器人運動學方程：

$$_{n}^{0}\boldsymbol{T}={}_{1}^{0}\boldsymbol{T}{}_{2}^{1}\boldsymbol{T}\cdots{}_{n}^{n-1}\boldsymbol{T}$$

$_{n}^{0}\boldsymbol{T}$ 是機器人手臂末端變座標係 $\{n\}$ 相對於參考座標係 $\{0\}$ 的變換，如果確定了機器人各個關節變量，即所有的 $_{i}^{i-1}\boldsymbol{T}$ 是確定的，就可以確定末端操作器相對於機器人參考座標係的位姿。這是運動學正問題，運動學正問題的解是唯一的，各個關節的矢量確定後，末端執行器的位姿就唯一確定了。

對於給定的機械臂，已知末端執行器在參考係中的期望位置和姿態 ${}_n^0 T$，求各關節矢量 ${}_i^{i-1} T = f(\theta_i)$，這是運動學逆問題。機器人運動學逆問題在工程應用上更為重要，它是機器人運動規劃和軌跡控制的基礎。逆問題的解不是唯一的，也可能不存在解。逆問題的求解仍然利用上述運動學方程進行。其求解方法是方程兩端不斷左乘各個連桿矩陣的逆矩陣，依次求出 θ_1、θ_2、…、θ_n。

透過左乘 $({}_1^0 T)^{-1}$ 得到：

$$({}_1^0 T)^{-1} {}_n^0 T = {}_2^1 T \cdots {}_n^{n-1} T$$

上式左端只有一個變量 θ_1，透過對兩邊進行矩陣變換，比較兩邊的對應元素可求出關節變量 θ_1。將 θ_1 再代入上式後可用同樣的方法求出 θ_2，以此類推可求出所有 θ_i。

無論是機器人運動學正問題的計算還是運動學逆問題的計算，或是末端執行器的路徑規劃，均是由機器人系統自己完成的。例如，使用者只需給出末端執行器期望的位姿，透過一定的交互方式進行簡單的描述，機器人系統自己確定達到期望位姿的準確路徑和速度。很多運動逆問題有多個解，但大部分應用情況下並不需要計算出所有解，以便節省時間。

對於示教型機器人，示教點就是末端執行器期望達到的點，示教過程中操作人員透過示教盒控制末端執行器達到該點時，機器人記下示教點和插補點在參考座標係下的直角座標，機器人控制器僅需進行簡單的逆運動學計算就可求出各個關節的關節角。

1.2.4　機器人動力學簡介

機器人的每個關節都會在驅動器的驅動下運動，研究機器人各個連桿或關節上的受力和運動之間關係的學科稱為機器人動力學。連桿或關節上的受力包括機器人驅動器施加的驅動力或力矩、外力或力矩。研究機器人動力學的主要目的是為了保證機器人具有良好的動特性和靜特性，提高其控制精度、解析度、穩定性、重複精度。機器人動力學有兩個方面的問題，第一方面的問題是動力學正問題，已知各個關節的作用力或力矩，求解其位移、速度和加速度；第二方面的問題是動力學逆問題，已知各個關節的位移、速度和加速度，求解其受的力或力矩。

機器人動力學方程通常利用拉格朗日方程來建立，利用拉格朗日功能平衡法或牛頓-歐拉動態平衡法求解。

焊接機器人運動速度和加速度一般不大，因此只需要進行一些簡單的動力學控制。

1.3 焊接機器人的應用及發展

1.3.1 焊接機器人的應用現狀

自 1950 年代問世以來，現代機器人獲得了長足的發展，在各行各業，特別是工業部門獲得了廣泛應用。在所有機器人中，工業機器人占 67％，服務機器人占 21％，特種機器人占 12％。而工業機器人中，焊接機器人占 40％以上，已廣泛應用於工業製造各領域。

（1）焊接機器人發展歷程

1974 年日本川崎公司研製了世界上首臺焊接機器人，用於焊接摩托車車架。1970 年代末，中國也成功研製出直角座標機械手，用於轎車底盤的焊接。1980 年代中後期，先進的工業化國家的焊接機器人技術已經非常成熟，在汽車和摩托車行業得到了廣泛應用。國內中國一汽於 1984 年率先引進了德國 KUKA 焊接機器人，用於當時的「紅旗」牌轎車車身焊接，並於 1988 年在這些機器人的基礎上開發出車身機器人焊裝生產線。同時，國內大學及研究機構也自發開始了焊接機器人技術的開發研究。1990 年代初，隨著合資汽車廠的誕生，焊接機器人的應用進入高速發展階段。國家「八五」和「九五」計畫也將機器人技術及應用研究列為重點研發項目。經過幾十年的持續努力，目前中國焊接機器人的研究在基礎技術、控制技術、關鍵元器件等方面取得了重大進展，並已進入實用化階段，形成了點焊、弧焊機器人系列產品，已經能夠實現批量生產，獲得了較廣泛的應用。但由於重複定位精度、可靠性等方面與國外公司還存在一定的差距，且成本優勢不明顯，國內生產的焊接機器人的競爭力較弱，應用領域僅僅限於一些對焊接品質要求不很高的結構件製造上。截至 2017 年年底，全球焊接機器人在用量大約 100 萬臺，國內的在用量大概 20 萬臺。近年來，國內焊接機器人應用發展呈現出快速增長的勢頭，年平均增長率超過 40％。汽車、摩托車、農業機械、工程機械、機車車輛等工業部門是焊接機器人應用較多的部門。國內在用的焊接機器人中，90％左右是國外品牌，主要有 OTC、發那科、松下、安川、不二越、川崎等日系品牌（約占 75％）和 KUKA、ABB、CLOOS、IGM、COMAU 等歐系品牌（約占 20％）；中國品牌的焊接機器人只占 10％左右，主要品牌有新松、時代、華恆、歡顏、新時達、埃夫特和埃斯頓等。

隨著國家對機器人製造技術的重視以及機器人及機器人器件製造商投入的不斷增大，國產焊接機器人大量替代進口機器人為期不遠。

目前，焊接機器人的應用和技術發展經歷了三代。第一代是示教再現型機器人。這類機器人的優點是操作簡單，焊前需要透過示教盒進行示教，將焊接路徑和焊接參數儲存到控制器中，實際焊接時執行儲存的程序，再現儲存的路徑和參數。其缺點是不具備對外部資訊感知和反饋能力，不能根據工作條件的變換修正路徑或焊接參數。目前，這類焊接機器人依然是工業生產中應用最廣的。第二代是具有感知能力的焊接機器人。這類機器人通常裝有外部感測器，對外界環境條件的變換有一定的檢測和反饋能力，焊接過程中可根據外界環境條件的變換修正路徑或焊接參數，在焊前加工品質和裝配品質不高的情況下也可保證良好的焊接品質。第三代是智慧機器人。這類機器人不但具備感知能力，而且具有獨立判斷、行動、記憶、推理和決策的能力，能適應外部環境的變化，自助調節輸出參數，能完成更加複雜的動作。目前這類機器人尚處於研究開發階段，未在工業中大量應用。

（2）焊接機器人的應用意義

焊接機器人的廣泛應用，對於促進焊接生產具有如下重要意義。

① 提高焊接品質，並提高了焊接品質的一致性。機器人焊接對操作工人技術的依賴性小，重複精度高，因此焊接品質和品質一致性均顯著提高。

② 勞動生產率高。一個焊接機器人工作站可配多個裝配工作站，這樣機器人可連續不斷地進行焊接。而且隨著高速高效焊接技術的應用，機器人焊接生產效率的提高更顯著。

③ 勞動條件好。機器人焊接時，操作工人只需裝卸工件，可遠離焊接弧光、煙霧和飛濺等，工作環境顯著改善，勞動強度也顯著降低。

④ 生產週期易於控制。機器人的生產節拍不會受到外界因素的影響，生產週期容易確定，而且是固定的，生產計畫易於落實。

⑤ 可縮短產品改型週期，降低設備投資成本。與焊接專機或專用生產線相比，焊接機器人可透過修改程序適應不同工件的生產，因此產品改型時，效率高、成本低。

⑥ 基於焊接機器人的焊接生產線，有利於將生產製造過程中的材料、半成品、成品、各種工藝參數等資訊集中採集，實現資訊化和智慧化，便於品質控制、品質分析和成本控制。

1.3.2　焊接機器人的發展趨勢

　　隨著資訊技術、電腦技術、控制技術及焊接技術的不斷發展，焊接機器人的功能越來越強大，而且成本不斷降低。另外，目前勞動力越來越緊缺，勞動力成本不斷上升，而且不斷加劇的市場競爭要求提升焊接品質，急需利用焊接機器人代替工人進行工作條件較差的焊接工作，這一切均預示著焊接機器人應用前景廣闊、發展空間巨大。近年來，中國為了促進機器人的發展及應用，推出了《關於推進工業機器人發展的指導意見》《機器人產業發展規劃（2016～2020）》及《中國製造 2025》等一系列相關產業政策。在政府的大力扶持下，中國機器人製造水準和質量會迅速提高，而且工業機器人市場也會持續增長。根據國家工信部預計，2015～2025 年這十年間，工業機器人年銷量平均增長率在 30％以上，工業機器人及外圍部件的總市場占有率將達到 3500 億元左右。按焊接機器人占工業機器人 40％的比例計算，焊接機器人的市場占有率接近1400 億元。

　　隨著智慧感知認知、多模態人機交互、雲計算等智慧化技術不斷成熟，工業機器人將向著智慧機器人快速演變，機器人深度學習、多機協同等前瞻性技術也會在機器人中迅速推廣，機器人系統的應用將更加普遍。從工業製造對焊接需求的發展角度來看，焊接機器人系統趨勢主要有：

　　① 中厚板的機器人高效焊接技術及工藝。

　　② 少量或單件大構件機器人自動焊接（如海洋工程和造船行業）。

　　③ 焊接電源的工藝性能進一步提高，適應性更廣，更加數位化、智慧化。

　　④ 焊接機器人系統更加智慧化。

　　⑤ 各種智慧感測技術在機器人中應用更廣泛。

　　⑥ 更強大的自適應軟體支持系統。

　　⑦ 焊接機器人與上下游加工工序的融合和總線控制。

　　⑧ 焊接資訊化及智慧化與網路融合，最終達到無人化智慧工廠。

第2章

焊接機器人
本體的結構
及控制

機器人本體又稱機器人手臂、機械手、機械臂或機器人操作機。它是焊接機器人系統的執行機構，代替人的手臂執行焊接操作。

2.1 焊接機器人本體結構

機器人本體由剛性連桿、驅動器、傳動機構、關節、內部感測器（如編碼盤等）及示教盒等組成。它的主要任務是控制作為末端執行器的焊槍達到所要求的位置、姿態，並保證焊槍沿著所要求的軌跡以一定的速度運動，如圖 2-1 所示。一般情況下，機器人本體可看作是主要由剛性連桿和關節構成的，而驅動器、傳動機構及內部感測器可看作是關節的一部分。這樣，機器人本體就可看作是一開環關節鏈，如圖 2-1 所示。一般情況下，可分為機身、上臂、前臂、腕部等，每部分至少有 1 個關節，焊接機器人的腕部有 2～3 個關節，每個關節有 1 個自由度。機械手的幾何結構簡圖如圖 2-2 所示。

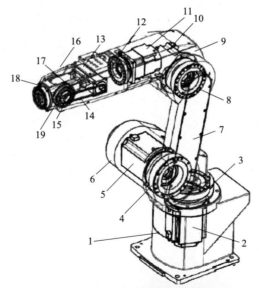

圖 2-1 機器人本體基本結構

1—機身；2—腰關節軸（關節軸 1）驅動電動機；3—腰關節軸（關節軸 1）減速器；4—肩關節軸（關節軸 2）減速器；5—肩關節軸（關節軸 2）驅動電動機；6—肩關節；7—上臂；8—肘關節軸（關節軸 3）減速器；9—肘關節；10—肘關節軸（關節軸 3）驅動電動機；11—腕關節軸（關節軸 4）驅動電動機；12—腕關節軸（關節軸 4）減速器；13—腕關節軸（關節軸 5）驅動電動機；14—關節軸 5 同步帶；15—腕關節軸（關節軸 5）減速器；16—前臂；17—腕關節軸（關節軸 6）驅動電動機；18—腕關節軸（關節軸 6）減速器；19—腕關節外殼

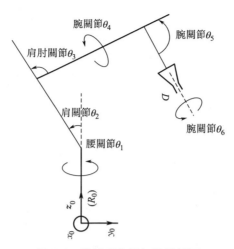

圖 2-2 機械手的幾何結構簡圖

2.1.1 機器人機身

　　機器人機身又稱機座或底座，是直接連接和支承手臂及行走機構的部件。機身既可以是固定式的，又可以是行走式的。固定式機身固定在地面或某一平臺上；行走式機身可沿著軌道行走，或者安裝在龍門架上，隨同龍門架一起沿著軌道行走。

　　機身承受機器人的全部重量，其性能對機器人的負荷能力和運動精度具有很大的影響。通常要求機身具有足夠的強度、剛度、精度和平穩性。

　　剛度是指機身在外力作用下抵抗變形的能力。一般用一定外力作用下沿著該外力作用方向上產生的變形量來表徵。該變形越小，則剛度越大。機器人機身的剛度比強度更重要。為了提高剛度，通常選擇抗彎剛度和抗扭剛度均較大的封閉空心截面的鑄鐵或鑄鋼連桿，並適當減小壁厚、增大輪廓尺寸。採用這種結構不僅可提高剛度，而且空心內部還可以布置安裝驅動裝置、傳動機構及管線等，使整體結構緊湊，外形整齊。機身支承剛度以及支承物和機身間的接觸剛度對機器人的性能也具有重要的影響。通常透過採用合理的支座結構、適當的底板連接形式來提高支承剛度；而接觸剛度則透過保證配合表面的加工精度和表面粗糙度來保證。對於滾動導軌或滾動軸承，裝配時還應透過適當施加預緊力來提高接觸剛度。

　　機器人機身的位置精度影響手部的位置精度。而影響機身位置精度

的因素除剛度外，還有其製造和裝配精度、連接方式、運動導向裝置和定位方式等。對於導向裝置，其導向精度、剛度和耐磨性等對機器人的精度和其他工作性能具有很大的影響。

機身的質量較大，如果運動速度和負荷也較大，運動狀態的急劇變化易引起衝擊和振動。這會影響手部位姿的精度，還可能會導致運轉異常。為了防止衝擊和振動的發生，焊接機器人上通常採取有效的緩衝裝置來吸收能量；而且機身的運動部件，包括驅動裝置、傳動部件、管線系統及運動測量元件等均採用緊湊、質量輕的結構設計，以減少慣性力，並提高傳動精度和效率。

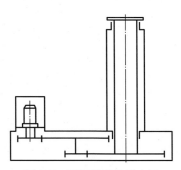

圖 2-3　利用普通軸承支承
腰關節軸的機器人機身

機身上裝有腰關節，利用該關節來實現臂部升降、回轉或俯仰等運動。腰關節是負載最大的運動軸，對末端執行器的位姿和運動精度影響最大，要求具有很高的設計和製造精度，特別是關節軸的支承精度要求較高。常用的支承方式有兩種。第一種為普通軸承結構，如圖 2-3 所示。這種結構的優點是安裝調整方便，但腰部高度較高。第二種為環形十字交叉滾子軸承支承結構，如圖 2-4 所示。這種結構的優點是剛度大、負載能力強、裝配方便，但軸承的價格相對較高。圖 2-5 示出了一種典型機器人機身驅動機構安裝示意圖。伺服電動機 1 透過小錐齒輪 2、大錐齒輪 3、傳動軸 5、小直齒輪 4 和大直齒輪 6 驅動腰關節的軸轉動。

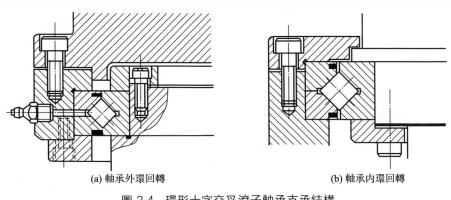

(a) 軸承外環回轉　　　　　　　　　　　(b) 軸承內環回轉

圖 2-4　環形十字交叉滾子軸承支承結構

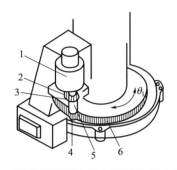

圖 2-5　一種典型機器人機身驅動機構安裝示意圖

1—伺服電動機；2—小錐齒輪；3—大錐齒輪；4—小直齒輪；5—傳動軸；6—大直齒輪

2.1.2 機器人臂部

　　機器人臂部（簡稱機器臂）用來連接機身和手部，是機器人主要執行部件。其主要作用是支持機器人腕部和手部，並帶動腕部和手部在空間中運動。臂部各個關節裝有相應的傳動和驅動機構。

　　臂部工作中直接承受腕部、末端執行器和工件的靜、動載荷，自身頻繁運動且運動狀態複雜，因此其受力複雜。臂部既受彎曲力，又受扭轉力。為了保證運動精度，應選用抗彎和抗扭剛度較大的封閉形空心截面的剛性連桿作為臂桿。而且內部空心中還可以布置安裝驅動裝置、傳動機構及管線等，使整體結構緊湊，外形整齊。臂桿的支承剛度以及支承物和機身間的接觸剛度對機器人的性能也具有重要的影響。通常透過採用合理的支座結構、適當的底板連接形式來提高支承剛度；而接觸剛度則透過保證配合表面的加工精度和表面粗糙度來保證。對於滾動導軌或滾動軸承，裝配時還應透過適當施加預緊力來提高接觸剛度。

　　臂部的製造和裝配精度、連接方式、運動導向裝置和定位方式等也影響其位置精度和運動精度。臂桿導向裝置的導向精度、剛度和耐磨性等對機器人的精度和其他工作性能具有很大的影響。

　　臂部運動狀態的急劇變化也會引起衝擊和振動。這不僅會影響手部位姿的精度，嚴重時還可能導致運轉異常。為了防止衝擊和振動的發生，焊接機器人上通常採取有效的緩衝裝置以吸收能量；而且臂桿的運動部件（包括驅動裝置、傳動部件、管線系統及運動測量元件等）均採用緊湊、質量輕的結構設計，以減少慣性力，並提高傳動精度和效率。另外，各個關節軸線應盡量平行，相互垂直的關節軸線應盡量交匯於一點。

　　臂部包括大臂和小臂，通常由高強度鋁合金質薄壁封閉框架制成。其運動採用齒輪傳動，以保證較大的傳動剛度。傳動機構安裝在薄壁封閉框架內部，圖 2-6 示出了大臂傳動機構示意圖，圖 2-7 示出了小臂傳動機構示意圖。

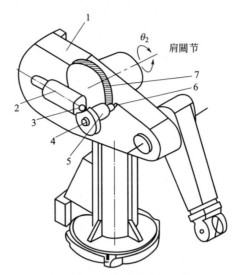

圖 2-6　機器人大臂傳動機構示意圖

1—大臂；2—大臂電動機；3—小錐齒輪；4—大錐齒輪；5—偏心套；6—小齒輪；7—大齒輪

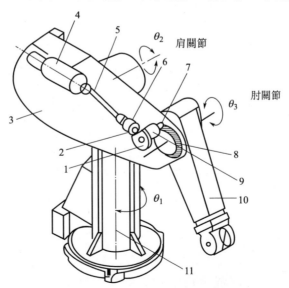

圖 2-7　機器人小臂傳動機構示意圖

1—大錐齒輪；2—小錐齒輪；3—大臂；4—小臂電動機；5—驅動軸；
6,9—偏心套；7—小齒輪；8—大齒輪；10—小臂；11—機身

2.1.3 腕部及其關節結構

腕部是機器人本體的末端，用來連接末端執行器，其主要作用是在臂部運動基礎上確定末端執行器的姿態。腕部一般有 2～3 個自由度，其設計結構要緊湊、剛性好、質量小，各運動軸分別採用獨立的驅動電動機和傳動系統，典型結構如圖 2-8 所示。腕部的 3 個驅動電動機和傳動系統安裝在機器人小臂的後部，這樣既降低了腕部的尺寸，又可將電動機的重量作為配重，起到一定的平衡作用。3 個電動機透過柔性聯軸器和驅動軸來驅動腕部各軸的傳動齒輪，減速後驅動關節軸，實現關節運動。透過腕關節 4 的齒輪實現腕轉運動，透過腕關節 5 的齒輪實現腕擺運動，透過腕關節 6 的齒輪實現腕捻運動。

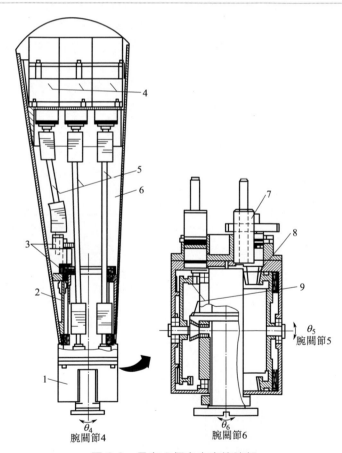

圖 2-8　具有 3 個自由度的腕部

1—手腕；2—腕關節 4 的支座；3—腕關節 4 的齒輪；4—伺服電動機；5—驅動軸；
6—小臂；7,8—腕關節 5 的齒輪；9—腕關節 6 的齒輪

2.2 焊接機器人關節及其驅動機構

　　機器人末端執行器的運動是由機器人各個關節的運動合成的，每個關節均有一個驅動機構。

2.2.1 關節

　　關節是機器人連桿接合部位形成的運動副。根據運動方式可將機器人的關節分為轉動關節和移動關節兩種。焊接機器人的關節一般是轉動關節，它既是基座與臂部、上臂與小臂、小臂與腕部的連接機構，又在各個部分之間傳遞運動。轉動關節由轉軸、軸承和驅動機構構成。根據驅動機構與轉軸的布置形式，關節可分為同軸式、正交式、外部安裝式和內部安裝式等，如圖 2-9 所示。同軸式關節的回轉軸與驅動機構轉軸同軸，其優點是定位精度高，但需要使用小型減速器並增加臂部剛性，這是多關節機器人常用的關節形式。正交式關節的回轉軸與驅動機構轉軸垂直，這種關節的減速機構可安裝在基座上，透過齒輪或鏈條進行傳動，適用於臂部結構要求緊湊的機器人。外部安裝式關節的驅動機構安裝在關節外部，適用於重型機器人。內部安裝式關節的驅動電動機和減速機構均安裝在關節內部。

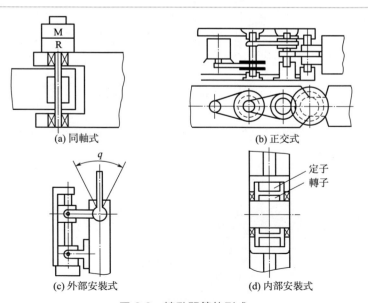

(a) 同軸式　　　　　　　　　　　(b) 正交式

(c) 外部安裝式　　　　　　　　　(d) 內部安裝式

圖 2-9　轉動關節的形式

　　根據關節結構的不同，旋轉關節有柱面關節和球面關節兩種。焊接機器人常用球面關節。球面關節中的球軸承可承受徑向和軸向載荷，具有摩擦係數小、軸和軸承座剛度要求低等優點。圖 2-10 示出了幾種典型的球面軸承。普通向心球軸承和向心推力球軸承的每個球和滾道之間為兩點接觸，這兩種軸承必須成對使用。四點接觸球軸承的滾道是尖拱式半圓，球與滾道之間有四個接觸點，可透過控制兩滾道之間的過盈量實現預緊，具有結構緊湊、無間隙、承載能力大、剛度大等優點，但成本較高。

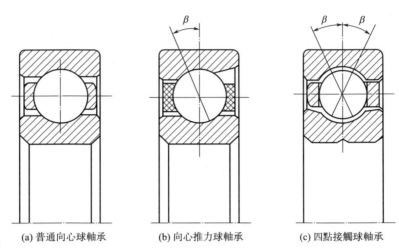

(a) 普通向心球軸承　　　　(b) 向心推力球軸承　　　　(c) 四點接觸球軸承

圖 2-10　關節球軸承的基本形式

2.2.2　驅動裝置

(1) 驅動裝置分類

　　根據動力源的類型不同，機器人驅動裝置可分為液壓式、氣動式、電動式等。可以直接驅動關節，但大部分情況下是透過同步帶、鏈條、輪系、諧波齒輪或 RV 減速器等機械傳動機構進行間接驅動。

　　液壓式驅動裝置用電動機驅動的高壓流體泵（如柱塞泵、葉片泵等）作為動力。其優點是功率大、無需減速裝置、結構緊湊、剛度好、響應快、精度高等；缺點是易產生液壓油洩漏、維護費用高、適用的溫度範圍小（30～80℃）等。這種驅動裝置一般用於大型重載機器人上，焊接機器人一般不用這種驅動方式。

　　氣動式驅動裝置以氣缸為動力源，優點是簡單易用、成本低、清潔、響應速度快等；缺點是功率小、剛度差、精度低、速度不易控制、噪聲

大等。這種驅動方式多用於精度不高的點位控制機器人或一些由於安全原因不能使用電驅動裝置的場合，例如在上、下料和沖壓機器人中應用較多，而焊接機器人中應用較少。

　　電動機驅動裝置利用各種電動機產生的力或力矩來驅動機器人關節，實現末端操作器位置、速度和加速度控制。焊接機器人通常使用這種驅動方式，它具有啓動速度快、調節範圍寬、過載能力強、精度高、維護成本低等優點。但一般不能直接驅動，需要傳動裝置進行減速。

　　(2) 驅動電動機

　　電驅動裝置採用的驅動元件有步進電動機直流伺服電動機和交流伺服電動機等。表 2-1 比較了幾種常用電動機的性能特點。

表 2-1　常用電動機性能比較

電動機類型	步進電動機	直流伺服電動機	交流伺服電動機
基本原理	利用電脈衝來控制運動，1 個脈衝對應一定的步距角度，利用脈衝個數控制位移量，利用脈衝頻率控制運動速度	透過脈衝控制位移量，接收 1 個脈衝就會旋轉對應的角度，同時會發出 1 個脈衝，這樣控制系統透過比較發出的和收到的脈衝數可精確控制轉動角度，即靠反饋來精確定位和定轉速	原理類似於直流伺服電動機。不同的是採用正弦波控制，轉矩脈動性更小
結構特點	結構簡單，體積較小	結構較簡單，體積較大，重量較大	體積和重量比直流伺服電動機小，且無電刷和換向器，工作可靠，維護和保養要求低
過載能力	無	較大	最大
輸出速度範圍	小	較大	最大
速度響應時間	較長（從靜止加速到其額定轉速需要 200～400ms）	短（從靜止加速到其額定轉速僅需要幾毫秒）	最短
矩頻特性	輸出力矩隨轉速升高而下降，且在 600r/min 以上會急劇下降，其最高工作轉速一般在 600r/min 以下	在低於 2000r/min 速度下能輸出額定轉矩	基本上是恆力矩輸出，在 3000r/min 高速下仍能輸出額定轉矩
低頻特性	易出現低頻振動現象	有共振抑制功能，運轉平穩，即使在低頻下也非常穩定	
控制精度	取決於相數和拍數，相數和拍數越多，精度越高；步距角一般為 1.8°、0.9°	取決於內部的編碼器的刻度，刻度越多，精度越高。例如，對於帶 17 位編碼器的伺服電動機，驅動器每接收 131072 個脈衝電機轉一圈，即其脈衝當量為 360°/131072＝0.0027466°，僅是步距角為 1.8° 的步進電動機的脈衝當量的 1/655	

續表

電動機類型	步進電動機	直流伺服電動機	交流伺服電動機
運行性能	開環控制,啓動頻率過高、負載過大均易導致失步或堵轉現象,而且停轉時易導致過衝現象	閉環控制,不易導致失步、堵轉和過衝現象	

關節驅動電動機通常要求具有較大的功率質量比和扭矩慣量比、大啓動轉矩、大轉矩、低慣量、高響應速度、寬廣的調速範圍、較大的短時過載能力,因此,焊接機器人多採用伺服電動機。步進電動機驅動系統多用於對精度、速度要求不高的小型簡易機器人。

(3) 伺服電動機及驅動器工作原理

1) 伺服電動機工作原理　伺服電動機綜合利用接收和發出的電脈衝進行定位,它接收 1 個脈衝,就轉動一定的角度;同時,每旋轉這個角度,也會發出一個脈衝。這樣,控制系統透過比較發出的脈衝和收到的脈衝數量來發現誤差並調整誤差,形成閉環控制,實現更精確的定位。其定位精度可達 0.001mm。伺服電動機分為直流伺服電動機和交流伺服電動機。

直流伺服電動機結構和工作原理與小容量普通他勵直流電動機類似。主要區別有兩點:一是直流伺服電動機電樞電流很小,換向容易,無須換向極;二是直流伺服電動機轉子細長,氣隙小,電樞電阻較大,磁路不飽和。直流伺服電動機分為有刷和無刷電動機,有刷電動機結構簡單、成本低、啓動轉矩較大,但由於其功率體積比不大、需要維護、轉速不高、熱慣性大,而且還會引發電磁干擾,因此主要用於一些不重要的場合,焊接機器人中很少使用。無刷電動機體積小、轉矩更大、慣性小、響應速度快、轉動平滑穩定,但控制線路較複雜。在 1980 年代中期以前,機器人中大量使用直流伺服電動機,但目前焊接機器人中已經較少應用。

交流伺服電動機又分為永磁同步型交流伺服電動機和異步型交流伺服電動機,表 2-2 比較了兩種交流伺服電動機的特點。永磁同步型電動機運行平穩、低速伺服性能好,是焊接機器人使用的主要類型。

表 2-2　永磁同步型交流伺服電動機和異步型交流伺服電動機性能特點比較

性能	永磁同步型交流伺服電動機	異步型交流伺服電動機
電動機結構	比較簡單	簡單

續表

性能	永磁同步型交流伺服電動機	異步型交流伺服電動機
最大扭矩限制	永磁體去磁	磁路飽和
發熱量	低	高
電功率轉換率	高	低
響應速度	快	比較快
轉動慣量	小	大
速度範圍	大	小
制動	容易	複雜
可靠性	好	好
環境適應性	好	好

　　永磁同步型交流伺服電動機主要由定子和轉子兩部分構成的，如圖 2-11 所示。定子鐵芯由硅鋼片疊加而成，定子凹槽中裝有勵磁繞組和控制繞組兩個繞組，兩者在空間上相差 90°，前者由交流勵磁電源供電，後者用於接入控制電壓訊號。轉子是由高矯頑力稀土磁性材料制成的永久磁極。伺服電動機非負載端蓋上裝有光電編碼器，用來輸出反饋脈衝，伺服電動機驅動器將收到的脈衝數與發出的脈衝數進行比較，調整轉子轉動角度，控制位移精度。定子控制繞組上未施加控制電壓時，定子內

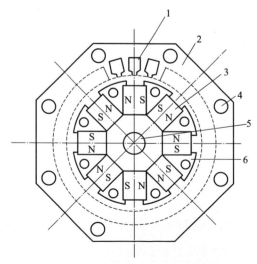

圖 2-11　永磁同步型交流伺服電動機結構
1—定子繞組（三相）；2—定子鐵芯；3—永久磁鐵（轉子）；
4—軸向通風孔；5—轉軸；6—軟磁極靴

的氣隙內只有勵磁繞組產生的脈動磁場，轉子靜止不動；當控制繞組上施加控制電壓且控制繞組電流與勵磁繞組電流不同相時，定子內氣隙中產生一個旋轉磁場，驅動轉子沿旋轉磁場的方向同步旋轉。電動機的調速及轉向控制有三種形式：在一定的負載下，電動機的轉速隨控制電壓的增大而增大；當控制電壓消失時，轉子即刻停止轉動；當控制電壓反相時，伺服電動機將反轉。

2）永磁同步型交流電動機驅動器的工作原理　交流伺服驅動器又稱交流伺服控制器，由伺服控制單元、功率驅動單元、各種介面及反饋系統等組成，如圖 2-12 所示。新型交流伺服驅動器均利用數位訊號處理器（DSP）作為控制核心，採用智慧功率模塊（IPM）作為功率驅動單元，並採用增量式光電編碼器作為測速和位置感測器。在驅動永磁同步型交流電動機時，可採用轉矩（電流）、速度、位置三種閉環控制方式，確保伺服電動機的穩定性並實現高精度定位，如圖 2-13 所示。DSP 的採用便

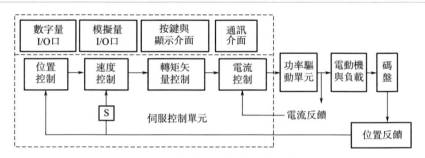

圖 2-12　交流伺服控制器的組成

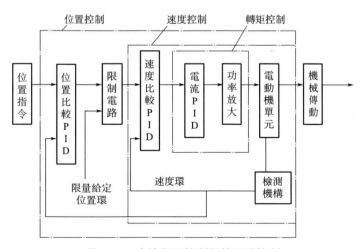

圖 2-13　交流伺服控制器的閉環控制

於實現基於矢量控制的電流、速度和位置三閉環控制算法，易於實現機器人的數位化、網路化和智慧化。IPM 集成了驅動電路、故障檢測保護電路（包括過電壓、過電流、過熱、欠壓等）、軟啓動電路等，除了能夠驅動伺服電動機外，還能進行各種保護並可減小啓動過程中的衝擊。驅動電路首先利用三相全橋整流電路將輸入的三相市電進行整流，再利用三相正弦脈寬調制（PWM）電壓型逆變器變頻來驅動三相永磁式同步交流伺服電動機。

2.2.3 傳動裝置

傳動裝置的作用是將動力從驅動裝置傳遞到執行元件。常用的傳動機構有直線傳動和旋轉傳動機構。傳動裝置一般具有固定的傳動比。

（1）直線傳動裝置

直線傳動方式可用於直角座標機器人的 X、Y、Z 向驅動，圓柱座標結構的徑向驅動和垂直升降驅動，以及球座標結構的徑向伸縮驅動。

直線傳動裝置有齒輪齒條傳動、滾珠絲杠傳動等。齒輪齒條傳動裝置的齒條通常是固定的，齒輪的旋轉運動轉換成托板的直線運動，如圖 2-14 所示。這種裝置的優點是結構簡單、傳遞的動力和功率大、傳動比大且精確、穩定可靠；但要求較高的安裝精度，且回差較大。滾珠絲杠副傳動裝置由絲杠和螺母構成，在絲杠和螺母的螺旋槽內嵌入滾珠，並透過螺母中的導向槽使滾珠連續循環，如圖 2-15 所示。其優點是摩擦力小、傳動效率高、精度高，缺點是製造成本高、結構較複雜。

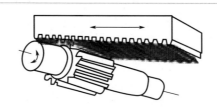

圖 2-14　齒輪齒條傳動裝置

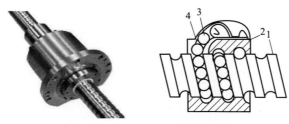

圖 2-15　滾珠絲杠副傳動裝置
1—絲杠；2—螺母；3—滾珠；4—導向槽

（2）旋轉傳動機構

　　機器人常用的旋轉傳動機構有齒輪鏈、同步帶、諧波齒輪傳動和 RV 擺線針輪減速器等。

　　1）齒輪鏈傳動機構　　透過鏈條將主動鏈輪的運動傳遞到從動鏈輪，如圖 2-16 所示。這種傳動方式具有傳遞能量大、過載能力強、平均傳動比準確的優點，但是穩定性差、傳動元件易磨損、易跳齒，因此在焊接機器人中應用較少。

圖 2-16　齒輪鏈傳動

　　2）同步帶傳動機構　　同步帶傳動是一種嚙合型帶傳動，利用傳動帶內表面上等距分布的橫向齒和帶輪上的對應齒槽之間的嚙合來傳遞運動，如圖 2-17 所示。它是摩擦型帶傳動和鏈傳動的複合形式，具有無滑動、傳動平穩、緩衝作用好、噪聲小、成本低、重複定位精度高、傳動比大、傳動速度快等優點，因此在機器人中應用較多。其缺點是安裝精度要求高且具有一定的彈性變形。

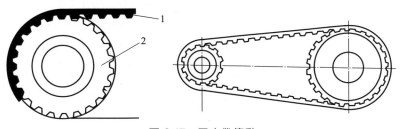

圖 2-17　同步帶傳動

1—同步鏈；2—同步輪

　　3）諧波齒輪減速器　　諧波齒輪由剛性內齒輪（簡稱剛輪）、波發生器和柔性外齒輪（簡稱柔輪）三個主要部件組成。波發生器裝在柔輪的內部，由呈橢圓形的凸輪和其外圈的柔性滾動軸承組成，如圖 2-18 所示。一般情況下剛輪固定，諧波發生器作為主動件驅動柔輪旋轉，運動過程中柔輪可產生一定的徑向彈性變形。由於剛輪的內齒數多於柔輪的外齒數，因此諧波發生器轉動時，在凸輪長軸方向上的剛輪內齒與柔輪外齒正好完全嚙合；而在短軸方向上，外齒與內齒全脫開。這樣，柔輪

的外齒將周而復始地依次嚙入、嚙合、嚙出剛輪的內齒。柔輪齒圈上任意一點的徑向位移按照正弦波形規律變化，所以這種傳動稱為諧波傳動，這種齒輪組合成為諧波齒輪減速器。其傳動比等於柔輪齒數除以剛輪與柔輪齒數之差。

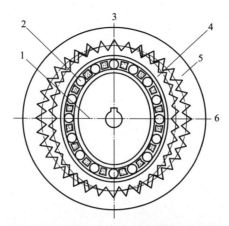

圖 2-18　諧波齒輪

1—橢圓凸輪；2—柔性軸承；3—凸輪長軸；4—柔性外齒輪；

5—剛性內齒輪；6—凸輪短軸；7—波發生器

　　這種傳動方式的優點是傳動比大（單級 60～320）、體積小、傳動平穩、噪聲小、承載能力大、傳動效率高（70％～90％）、傳動精度高（是普通齒輪傳動的 4～5 倍）、回差小（小於 3′）、便於密封、維修和維護方便。缺點是不能獲得中間輸出，而且柔輪剛度較低。諧波齒輪減速器在工業機器人中應用非常廣泛，主要用在機器人手腕關節上。

　　4）RV 擺線針輪減速器　RV 減速器由兩級減速機構組成。第一級

減速機構為漸開線圓柱齒輪行星減速機構，如圖 2-19 所示，輸入齒輪將伺服電動機的轉動傳遞到直齒輪上，減速比為輸入齒輪和直齒輪的齒數比。第二級減速機構為擺線針輪行星減速機構，如圖 2-20 所示。與曲柄軸直接相連的直齒輪是第二級減速機構的輸入端。在曲柄軸的偏心部位透過滾針軸承安裝了 2 個 RV 齒輪。而在外殼內側裝有一個比 RV 齒輪數多一個針齒的且呈等距排列的齒槽，如圖 2-21 所示。圖 2-22 為 RV 擺線針輪減速器的裝配圖。

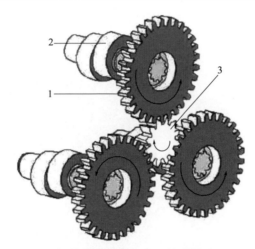

圖 2-19　RV 擺線針輪減速器的圓柱齒輪行星減速機構
1—直齒輪；2—曲柄軸；3—輸入齒輪

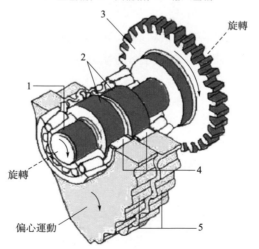

圖 2-20　RV 擺線針輪減速器的擺線針輪行星減速機構
1—曲柄軸；2—偏心軸；3—直齒輪；4—滾針軸承；5—RV 齒輪

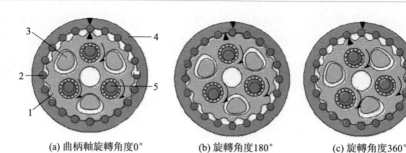

(a) 曲柄軸旋轉角度0°　　(b) 旋轉角度180°　　(c) 旋轉角度360°

圖 2-21　RV 齒輪數與齒槽的配合

1—RV 齒輪；2—針齒槽；3—傳動軸；4—外殼；5—曲柄軸與直齒輪連接

圖 2-22　RV 減速機裝配圖

　　曲柄軸旋轉一次，RV 齒輪與針齒槽接觸的同時做一次偏心運動，使得 RV 齒輪沿曲柄軸旋轉方向的反方向旋轉一個齒的距離。

　　這種減速器同時嚙合的齒輪數較多，所以具有結構緊湊、體積小、扭矩大、剛性好、傳動比範圍大、精度高、回程間隙小、慣性小、耐過載衝擊荷載能力強等優點。另外，由於齒隙小、慣性小，所以具有良好的加速性能，易於實現平穩運轉和良好的定位精度。這種減速器目前廣泛用於機器人的各個關節上。

2.3 焊接機器人運動控制系統

　　焊接機器人是多關節機器人，難以對末端執行機構進行直接控制，只能透過控制各關節的運動來實現對末端操作器的運動控制。每個關節

的運動由一個伺服控制系統來完成，各個伺服系統協同工作合成機器人末端操作器的運動。因此機器人的控制需要兩個層次的控制，如圖 2-23 所示。第一個層次是各個關節電動機的伺服控制。第二個層次是各個關節運動的協調控制，通常由上位電腦來實現。上位機除了協調各個關節的運動以實現預期軌跡外，還實現人機交互並完成其他管理任務。

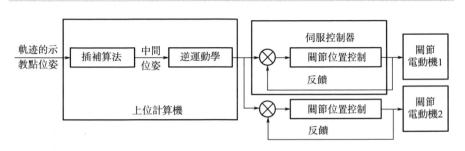

圖 2-23　機器人運動控制系統框圖

（1）關節的伺服控制

無論是點位運動控制還是連續軌跡運動控制，焊接機器人均是透過控制各時刻的位置來實現的，因此各個關節的運動控制系統實際上是位置控制系統。在此基礎上，機器人還採用感測器對實際的位置或運動進行實時檢測，透過反饋控制來提高運動精度，使機器人末端操作器準確地實現期望的位姿和軌跡。焊接機器人的所有關節均為旋轉關節，其位置控制為角位置控制。圖 2-24 給出了典型機器人關節角位置閉環控制系統框圖。θ_g 為關節角給定值，由上位電腦透過逆運動學求出。透過三環結構並利用一定的算法計算出關節角增量值，控制驅動元件運動，準確實現期望的位置。

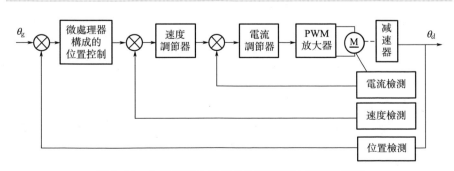

圖 2-24　典型機器人關節角位置閉環控制系統框圖

位置控制器採用的控制算法有 PID 控制、變結構控制、自適應控制等。焊接機器人伺服控制器主要採用了 PID 控制，即比例、積分、微分控制，它是最常用的一種控制算法。變結構控制指控制系統中具有多個控制器，根據一定的規則在不同的情況下採用不同的控制器。自適應控制是指系統檢測到不確定的干擾後自動按照某一控制策略做出相應的調整，自動適應外界環境條件的變化，使系統輸出量性能指標達到並保持最優。

(2) 關節運動合成控制

各個關節伺服控制系統控制各個關節，使其關節角達到期望值。上位電腦控制要解決的問題就是確定機器人各個關節的期望的關節角。下面以示教型機器人為例說明其工作原理。

焊接前，利用示教盒將焊接過程中焊槍應走的軌跡示教給機器人。首先需要操作人員把複雜的軌跡曲線分解成多段直線和圓弧，然後再對這些直線和圓弧進行示教。直線僅需要示教兩個特徵點，即始點和終點；圓弧需要示教三個點。示教完成並儲存示教程序後，機器人就記住了示教的這些點。機器人記下的示教點座標為直角座標系（基座標系）下的座標，機器人控制器進行逆運動學計算，求出各個關節的關節角，作為關節角給定值 θ_d 輸出給位置閉環控制系統。軌跡上的其他各點由上位電腦透過直線插補或圓弧插補算法求出，計算出的插補點的座標也是直角座標系（基座標系）下的座標，也需要機器人控制器進行逆運動學計算，求出各個關節的關節角，作為關節角給定值 θ_d 輸出給位置閉環控制系統。不斷重複這種計算，求出運動軌跡上的各個點對應的關節角，由關節角位置閉環控制系統予以實現，從而實現期望的軌跡。上位電腦控制系統計算點列並生成軌跡的這種過程叫插補。顯然，機器人實際運動軌跡的連續性、平滑性和精度取決於兩個插補點之間的距離，兩個插補點之間的距離越小，實際運動軌跡越逼近期望的軌跡，軌跡誤差越小。常用的插補方法有兩種：定距插補和定時插補。

所謂定距插補就是兩相鄰插補點之間距離保持不變。只要把這個插補距離控制得足夠小，就可保證軌跡精度，因此這種插補算法容易保證軌跡的精度和運動的平穩性。但是，如果機器人速度發生變化，插補點之間的時間間隔 T_s 就要發生變化，因此這種方法實現起來要相對難一些。

定時插補是每隔一定的時間 T_s 計算一個插補點，即任何兩個相鄰的插補點之間的時間間隔是固定的。該時間間隔 T_s 的長短對於運動軌跡精

度和運動的平穩性具有重要的影響。焊接機器人的 T_s 一般不能超過 25ms，否則不能保證運動的平穩性。T_s 越小越好，但由於機器人要在 T_s 進行一次插補運算和一次運動學逆運算，因此它受到上位電腦計算速度的限制。兩個插補點 P_i、P_{i+1} 之間的空間距離等於機器人運動速度乘以 T_s，因此機器人運動速度對於運動軌跡的精度也具有重要的影響，一定的 T_s 下，運動速度越大，兩個插補點之間的距離越大，運動軌跡精度和運動平穩性越差。因此，定時插補不適用於高速運動的機器人。這種插補方法易於實現，因此在運動速度不快的焊接機器人上得到了普遍應用。

（3）插補算法

機器人基本的運動軌跡有直線軌跡和圓弧軌跡兩種，其他非直線或非圓弧軌跡均可利用這兩種來逼近，因此計算插補點的算法有直線插補法和圓弧插補法兩種。

1）直線插補算法 直線插補算法如圖 2-25 所示。已知空間直線的起始點 P_0 座標為 $(x_0，y_0，z_0)$，終點 P_e 座標為 $(x_e，y_e，z_e)$ 和插補次數 N，則插補點在各個軸上的增量為：

$$\Delta x = \frac{(x_e - x_0)}{N+1} \tag{2-1}$$

$$\Delta y = \frac{(y_e - y_0)}{N+1} \tag{2-2}$$

$$\Delta z = \frac{(z_e - z_0)}{N+1} \tag{2-3}$$

其中，插補次數可利用始點到終點的長度 L 及插補點之間的間距 d 來計算，計算公式如下：

$$N = \text{int}\left(\frac{L}{d}\right) \tag{2-4}$$

$$L = \sqrt{(x_e - x_0)^2 + (y_e - y_0)^2 + (z_e - z_0)^2} \tag{2-5}$$

對於定距插補，d 就是插補間距；對於定時插補：

$$d = vT_s$$

式中，v 為機器人運動速度，T_s 為定時插補的時間間隔。

各個插補點的座標可用下式計算：

$$\begin{cases} x_{i+1} = x_i + \Delta x \\ y_{i+1} = y_i + \Delta y \quad (i = 1, 2, \cdots, N) \\ z_{i+1} = z_i + \Delta z \end{cases} \tag{2-6}$$

2) 平面圓弧插補　平面圓弧插補是指圓弧所在平面與基座標軸三個基準平面（即 XOY 平面、YOZ 平面或 ZOX 平面）之一平行或重合。下面以 XOY 平面為例進行說明。已知圓弧上的三個點 $A(x_A, y_A, z_A)$、$B(x_B, y_B, z_B)$、$C(x_C, y_C, z_C)$，其方向為順時針方向，可求出其圓心位置、起始角圓弧半徑和圓弧的圓心角，如圖 2-26 所示。

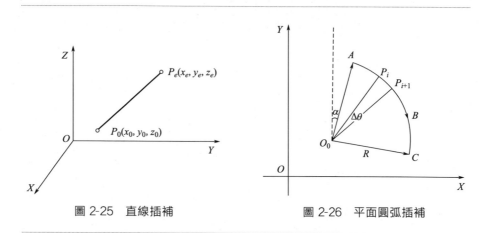

圖 2-25　直線插補　　　　　圖 2-26　平面圓弧插補

假設圓心 O_0 的座標為 (x_0, y_0, z_0)，由於 $AO_0 = BO_0$，則有：

$$\sqrt{(x_A-x_0)^2+(y_A-y_0)^2+(z_A-z_0)^2}=\sqrt{(x_B-x_0)^2+(y_B-y_0)^2+(z_B-z_0)^2} \tag{2-7}$$

由於 $AO_0 = CO_0$，則有：

$$\sqrt{(x_A-x_0)^2+(y_A-y_0)^2+(z_A-z_0)^2}=\sqrt{(x_C-x_0)^2+(y_C-y_0)^2+(z_C-z_0)^2} \tag{2-8}$$

由於 $A(x_A, y_A, z_A)$、$B(x_B, y_B, z_B)$、$C(x_C, y_C, z_C)$ 三點不同線，則有：

$$\begin{bmatrix} x_0 & y_0 & z_0 & 1 \\ x_A & y_A & z_A & 1 \\ x_B & y_B & z_B & 1 \\ x_C & y_C & z_C & 1 \end{bmatrix}=1 \tag{2-9}$$

由式（2-7）～式（2-9）可求出 (x_0, y_0, z_0)，進而可由下式求出 R：

$$R=|AO_0|=\sqrt{(x_A-x_0)^2+(y_A-y_0)^2+(z_A-z_0)^2} \tag{2-10}$$

起始角 α 由下式求出：

$$\alpha = \arcsin\left(\frac{x_A - x_0}{R}\right) \tag{2-11}$$

圓弧的圓心角 θ 為：

$$\theta = \arccos\left[\frac{-(x_B - x_A)^2 - (y_B - y_A)^2 + 2R^2}{2R^2}\right] +$$

$$\arccos\left[\frac{-(x_C - x_B)^2 - (y_C - y_B)^2 + 2R^2}{2R^2}\right] \tag{2-12}$$

對於定距插補，$\Delta\theta$ 為設定的角位移增量；對於定時插補，$\Delta\theta = \frac{T_s v}{R}$，$v$ 為沿著圓弧的運動速度。

插補次數 $N = \frac{\theta}{\Delta\theta}$。

求出上述數據後，則起點 A 的座標可表示為：

$$\begin{cases} x_A = x_0 + R\sin\alpha \\ y_A = y_0 + R\cos\alpha \\ Z_A = z_0 \end{cases} \tag{2-13}$$

終點 C 的座標可表示為：

$$\begin{cases} x_C = x_0 + R\sin(\alpha + \theta) \\ y_C = y_0 + R\cos(\alpha + \theta) \\ Z_C = z_0 \end{cases} \tag{2-14}$$

圓弧 AB 上任何其他插補點的座標可用下式求出：

$$\begin{cases} x_i = x_0 + R\sin(\alpha + i\Delta\theta) \\ y_i = y_0 + R\cos(\alpha + i\Delta\theta) \qquad (i = 1, 2, \cdots, N) \\ z_i = z_0 \end{cases} \tag{2-15}$$

3）空間圓弧插補　空間圓弧插補是指圓弧所在平面不在基座標軸三個基準平面（即 XOY 平面、YOZ 平面或 ZOX 平面）的任何一個平面上，也不平行於這三個基準平面。這種情況下，先建立一個中間座標係，將空間圓弧轉化為平面圓弧，再利用平面圓弧插補方法求出各個插補點座標，最後再透過座標變換轉化成基座標係下的座標。

已知圓弧上的三點為 $P_1(x_1, y_1, z_1)$、$P_2(x_2, y_2, z_2)$、$P_3(x_3, y_3, z_3)$，按照與平面圓弧插補類似的方法可確定其圓心和半徑。

假設圓心 O_R 的座標為 (x_0, y_0, z_0)，由於 $P_1 O_R = P_2 O_R$，則有：

$$\sqrt{(x_1 - x_0)^2 + (y_1 - y_0)^2 + (z_1 - z_0)^2} = \sqrt{(x_2 - x_0)^2 + (y_2 - y_0)^2 + (z_2 - z_0)^2} \tag{2-16}$$

由於 $P_1O_R = P_3O_R$，則有：

$$\sqrt{(x_1-x_0)^2+(y_1-y_0)^2+(z_1-z_0)^2} = \sqrt{(x_3-x_0)^2+(y_3-y_0)^2+(z_3-z_0)^2}$$

(2-17)

由於 $P_1(x_1,y_1,z_1)$、$P_2(x_2,y_2,z_2)$、$P_3(x_3,y_3,z_3)$ 三點不同線，則有：

$$\begin{bmatrix} x_0 & y_0 & z_0 & 1 \\ x_1 & y_1 & z_1 & 1 \\ x_2 & y_2 & z_2 & 1 \\ x_3 & y_3 & z_3 & 1 \end{bmatrix} = 1$$

(2-18)

由上面三式可求出 (x_0,y_0,z_0)，進而可由下式求出 R：

$$R = |P_1O_R| = \sqrt{(x_1-x_0)^2+(y_1-y_0)^2+(z_1-z_0)^2}$$　(2-19)

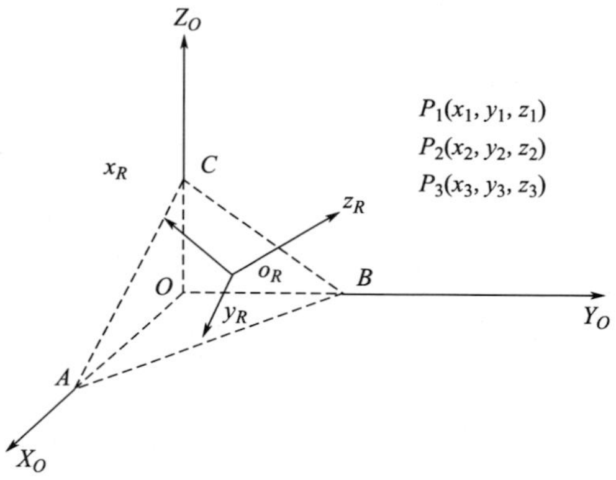

以 O_R 為座標原點建立一個中間座標係 $O_R-X_RY_RZ_R$，以 $P_1(x_1,y_1,z_1)$、$P_2(x_2,y_2,z_2)$、$P_3(x_3,y_3,z_3)$ 三點所確定平面的外法線方向為 Z_R 軸，設定 X_R 軸與 X_O 之間的夾角為 θ，如圖 2-27 所示。可求出：

$P_1(x_1,y_1,z_1)$
$P_2(x_2,y_2,z_2)$
$P_3(x_3,y_3,z_3)$

圖 2-27　空間曲線插補

$$\cos\theta = \frac{B}{\sqrt{A^2+B^2}}$$　(2-20)

$$\sin\theta = \frac{-A}{\sqrt{A^2+B^2}}$$　(2-21)

式中，A、B、C 分別為圓弧所在平面在基座標係三個軸上的截距。

利用 $P_1(x_1,y_1,z_1)$、$P_2(x_2,y_2,z_2)$、$P_3(x_3,y_3,z_3)$ 三點的座標可求出 Z_R 軸在基座標係中的單位矢量，進而求出 Z_R 軸和 Z_O 軸的夾角 α 的正弦和餘弦。

$$\cos\alpha = \frac{C}{\sqrt{A^2+B^2+C^2}}$$

(2-22)

$$\sin\alpha = \frac{\sqrt{A^2+B^2}}{\sqrt{A^2+B^2+C^2}} \cdot \frac{A}{|A|} \tag{2-23}$$

將中間座標系的原點 O_R 平移到基座標系的原點 O 上，再繞 Z_R 軸旋轉 θ 角，最後再繞 X_R 軸旋轉 α 角，則 $O_R-X_RY_RZ_R$ 與 $O-X_OY_OZ_O$ 座標系重合，因此由 $O_R-X_RY_RZ_R$ 向 $O-X_OY_OZ_O$ 座標系轉換的矩陣為：

$$_R^OT = \mathrm{Trans}\,(x_0,y_0,z_0)\mathrm{Rot}(z,\theta)\mathrm{Rot}(x,\alpha) = \begin{bmatrix} \cos\theta & -\sin\theta\cos\alpha & \sin\theta\cos\alpha & x_0 \\ \sin\theta & \cos\theta\sin\alpha & -\cos\theta\sin\alpha & y_0 \\ 0 & \sin\alpha & \cos\alpha & z_0 \\ 0 & 0 & 0 & 1 \end{bmatrix} \tag{2-24}$$

進行平面圓弧插補前，需要先將基座標系 $O-X_OY_OZ_O$ 下座標變換為 $O_R-X_RY_RZ_R$ 座標系下的座標，因此需要求出 $_O^RT$ 矩陣。

$$_O^RT = {_R^OT}^{-1} = \begin{bmatrix} \cos\theta & \sin\theta & 0 & -(x_0\cos\theta+y_0\sin\theta) \\ -\sin\theta\cos\alpha & \cos\theta\cos\alpha & \sin\alpha & -(x_0\sin\theta\cos\alpha+y_0\cos\theta\cos\alpha+z_0\sin\alpha) \\ \sin\theta\sin\alpha & -\cos\theta\sin\alpha & \cos\alpha & -(x_0\sin\theta\sin\alpha+y_0\cos\theta\sin\alpha+z_0\cos\alpha) \\ 0 & 0 & 0 & 1 \end{bmatrix} \tag{2-25}$$

這樣，可按如下步驟進行空間圓弧插補：

首先，將三個示教點在基座標系中的座標轉換為中間座標系中的座標。

$$P_{Ri} = \begin{bmatrix} x_{Ri} \\ y_{Ri} \\ 0 \\ 1 \end{bmatrix} = {_O^RT} \begin{bmatrix} x_i \\ y_i \\ z_i \\ 1 \end{bmatrix} \quad (i=1,2,3) \tag{2-26}$$

然後，在 $O_R-X_RY_RZ_R$ 座標系下按照前面所述進行平面圓弧插補。

最後，將插補點 P_j 的座標轉換為基座標系中的座標。

$$P_j = \begin{bmatrix} x_j \\ y_j \\ z_j \\ 1 \end{bmatrix} = {_R^OT} \begin{bmatrix} x_{Rj} \\ y_{Rj} \\ 0 \\ 1 \end{bmatrix} = {_O^RT} \quad (j=1,2,3,\cdots,N) \tag{2-27}$$

第3章

焊接機器人
感測技術

　　機器人透過感測系統實現精確的運動控制並感知外界條件變化。機器人必須控制末端操作器平穩地運動，而且要保證精確的運動軌跡、運動速度和加速度等，而焊接機器人的運動是透過各個關節（各個軸）伺服系統的運動合成的，為此，各個關節的伺服系統均採用了位置、速度及加速度三閉環控制模式。這種閉環控制要求使用測量位置、速度及加速度的感測器。在機械手驅動器中都裝有高精度角位移感測器、測速感測器。另外，機器人也需要和人一樣收集周圍環境的大量資訊，才能高效高品質地工作。例如，機器人手臂在空間運動過程中必須避開各種障礙物，並以一定的速度接近工作對象，這就需要機器人進行識別並決策；再如，弧焊機器人需要在焊件上沿接縫運動，如果沒有感覺能力，其運行軌跡易出現誤差，影響焊接品質，因此，弧焊機器人上還需要設置感知系統，如焊縫自動追蹤系統。

3.1　內部感測器

　　內部感測器是機器人用於內部反饋控制的感測器，這類感測器主要有位置感測器、速度感測器、加速度感測器等。

3.1.1　位置感測器

　　位置感測器用來測量關節的角位移或線位移，也可用來測量速度，機器人中常用的位移感測器有電阻式位移感測器和編碼器兩種。

　　（1）電阻式位移感測器

　　電阻式位移感測器把位置變化轉變為電阻值的變化，其基本原理如圖 3-1 所示。這類感測器有直線式 ［圖 3-1(a)］ 和旋轉式 ［圖 3-1(b)］ 兩種。電阻式位移感測器實際上就是高精度滑動變阻器，被測量對象的位移導致滑動觸頭移動，觸頭的移動距離正比於被測對象的移動距離，這樣觸頭變化前後的電阻值與總電阻之比就反映了位置變化量，而阻值的增加或減小可指示位移的方向。通常在電位器兩端施加一定大小的電源電壓，透過測量滑動端電壓訊號的變化來反映電阻的變化，如圖 3-2 所示。電阻式位移感測器的輸出訊號 V_{out} 可用下式計算：

$$V_{\text{out}} = V_p \frac{R_i}{R} = V_p \frac{x}{x_p}$$

　　式中，V_p 為電源輸入電壓；R 為感測器的總電阻；R_i 為反映位移

量的電阻；x_p 為最大位移；x 為位移量。

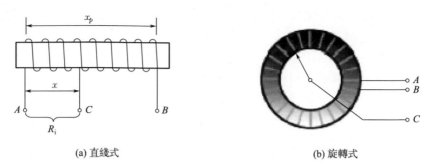

(a) 直綫式　　　　　　　　　　(b) 旋轉式

圖 3-1　電阻式位移感測器原理

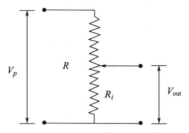

圖 3-2　電阻式位移感測器輸出訊號

　　作為位移感測器的滑動變阻器通常使用導電塑料式電阻器（也稱噴鍍薄膜式），這種電阻器的優點是輸出連續、精度高、噪聲低，可透過對輸出電壓進行微分來實現速度的檢測。普通的繞線式電阻器的電阻變化不連續，測量精度低，不能進行微分計算。

　　電阻式位移感測器常用來檢測關節或連桿的位置，既可以單獨使用，又可以與編碼器聯合使用。與編碼器聯合使用可顯著提高檢測精度並降低輸入要求，電位器負責檢測起始位置，而編碼器負責檢測運動過程中的當前位置。圖 3-3 為典型的電阻式位移感測器實物圖。

(a) 直綫式　　　　　　　　　　(b) 旋轉式

圖 3-3　電阻式位移感測器實物圖

（2）光電編碼器

　　光電編碼器是焊接機器人關節最常用的位置感測器，是一種透過光電轉換原理將位移量轉變為電脈衝訊號的裝置，有旋轉式和直線式兩種，前者稱為碼盤，如圖 3-4（a）所示；後者稱為碼尺，如圖 3-4（b）所示。焊接機器人上只使用旋轉式編碼盤。根據工作原理的不同，旋轉編碼器可分為增量式和絕對式兩類。

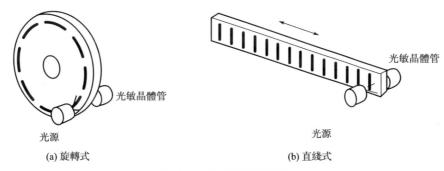

(a) 旋轉式　　　　　　　　　　　　　　　(b) 直綫式

圖 3-4　光電編碼器類型

　　增量式光電編碼器是由光柵盤、指示盤、機體、發光器件和感光器件等組成，如圖 3-5 所示。光柵盤是一個開有放射狀長孔的金屬盤，或塗有放射長條狀擋光塗層的透明塑膠盤或玻璃盤。兩個相鄰透光孔之間的間距稱為一個柵節，柵節的總數量稱為脈衝數，是衡量光柵解析度的指標。機體是用於安裝光柵盤、指示盤、發光器件和感光器件等部件的

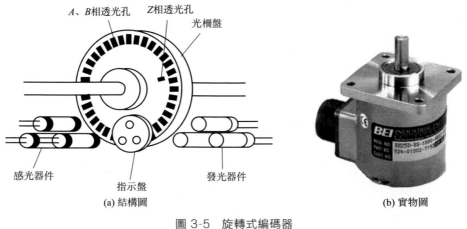

(a) 結構圖　　　　　　　　　　　　　　　(b) 實物圖

圖 3-5　旋轉式編碼器

殼體。發光器件通常採用紅外發光管；感光器件通常採用矽光電池和光敏三極管等高頻光敏元件。光柵盤與電動機同軸安裝，工作時電動機帶動光柵盤同速旋轉；發光器件在光柵盤一側投射一束紅外光線，感光器件檢測到透過光柵孔的光線後，輸出與透光孔數量相同的脈衝訊號。透過計量每秒內光電編碼器輸出的脈衝數量即可得到當前電動機的角位移和轉速。

編碼器利用兩套光電轉換裝置輸出相位差為 90°的方波脈衝 A、B 相，用於判斷旋轉方向。當順時針方向轉動時，A 相訊號導前 B 相訊號 90°；逆時針方向旋轉時，A 相訊號滯後 B 相訊號 90°。另外，增量式編碼器還設置一個 Z 相脈衝，它為單圈脈衝，每轉一圈發出一個脈衝，用於基準點定位。增量式編碼器的優點是結構簡單、使用壽命長（機械平均壽命可在幾萬小時以上）、抗干擾能力強、可靠性好、精度高；其缺點是不能輸出電動機轉動的絕對位置資訊。通常需要利用一個接近開關來檢測機械零位，如果電動機帶動機械裝置觸發了接近開關，則系統認為達到了零位，以該位置作為參考計算每一時刻的位置。

絕對式光電編碼器直接輸出表徵位移量大小的數字量。它由多路光源（一般為發光二極管）、光電碼盤和光敏元件構成。編碼盤與伺服電動機同軸安裝，碼盤的一側布置光源，而對應每一碼道在另一側布置一光敏元件，典型結構如圖 3-6 所示。碼盤上設有若干同心碼道，每條碼道由透光和不透光扇形區相間布置。碼道越多，精度越高。對於一個 N 位二進制編碼器，其碼盤應有 N 條碼道。一個圓周方向上的扇形區數量稱為扇面數，扇面數越大，解析度越高。圖 3-7 示出了十六扇面四碼道碼盤及其與光電元件的布置。帶動碼盤旋轉某

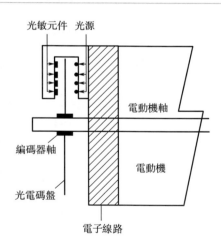

光敏元件　光源

電動機軸

編碼器軸

電動機

光電碼盤

電子線路

圖 3-6　絕對式光電編碼器的結構

一特定位置時，每個光敏元件會輸出相應的電平訊號。正對著透明區域的光敏元件導通，輸出低電平訊號，表示二進制的「0」，而正對著不透明區域的光敏元件截止，輸出高電平訊號。所有光敏元件輸出的二進制訊號都構成一個 N 位二進制數，指示了當前位置。這種編碼器無需計數器，轉軸的每一位置都有一個與位置相對應的數字碼。

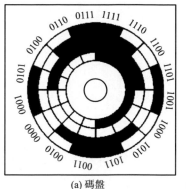

(a) 碼盤

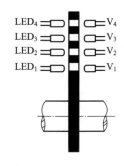

(b) 發光元件、光敏元件及碼盤布置

圖 3-7　絕對式光電編碼器碼盤

　　絕對式編碼器的優點是直接輸出指示位置的數字，沒有累積誤差，掉電後位置資訊不會丟失。

3.1.2　速度感測器和加速度感測器

　　速度感測器用來檢測機器人關節的運動速度。在使用光電編碼器作位置感測器時通常無須使用速度感測器，因為利用單位時間間隔內的角位移可直接計算出機器人的運動速度。時間間隔越短，計算出的速度越接近於真實的瞬時速度。但是如果運動速度很慢，這種速度測量精度就會很低。在這種情況下，一般需要利用測速發電機作為速度感測器。

　　測速發電機是將速度變換成電壓訊號的裝置，其原理如圖 3-8 所示。

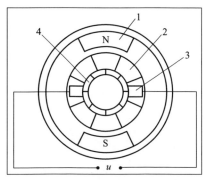

圖 3-8　測速發電機原理圖

1—永久磁鐵；2—轉子線圈；3—電刷；4—整流子

輸出電壓 u 與測量的速度 n 成正比。將測速發電機的轉子與機器人關節伺服驅動電動機驅動軸同軸連接，即可測出機器人關節的轉動速度。

　　加速度感測器是測量機器人關節加速度的裝置。工業機器人的運動速度和加速度通常較小，因此一般不使用加速度感測器。

3.2　外部感測器

　　外部感測器是檢測機器人所處環境及狀況的感測器。焊接機器人利用這類感測器檢測外部環境條件的變化，並用根據這種變化情況調整或校正焊接工藝參數，確保焊接品質。

3.2.1　接近感測器

　　接近感測器用於感知焊接機器人與外圍設備之間的接近程度，以避開障礙並防止衝撞。通常採用非接觸型感測器，主要類型有電渦流式、光電式、超聲波式及紅外線式等。

　　(1) 電渦流式接近感測器

　　電渦流式接近感測器是依據交變磁場在金屬體內引起感應渦流，而渦流大小隨金屬體表面離線圈的距離而變化進行測量的，如圖 3-9 所示。這種感測器由探頭線圈、振盪器、檢測電路和放大器等組成，如圖 3-10 所示。高頻振盪器產生的高頻電流經過延伸電纜導入探頭線圈，探頭線

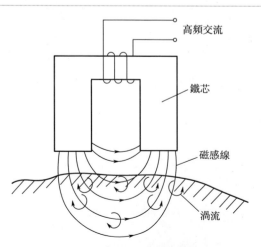

高頻交流

鐵芯

磁感線

渦流

圖 3-9　電渦流式接近感測器的測量原理

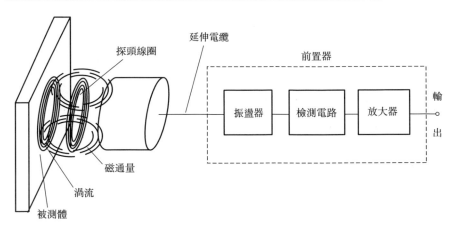

圖 3-10　電渦流式接近感測器的原理

圈產生高頻交變磁場，交變磁場在金屬體內感應出渦流，而渦流會產生
一個方向與探頭線圈感應磁場方向相反的交變磁場。該渦流交變磁場使
探頭線圈的高頻電流幅度和相位發生改變，即線圈的有效阻抗發生變化，
其變化量反映了探頭線圈到金屬導體表面距離的大小。檢測電路將線圈
阻抗 Z 的變化轉化成電壓或電流訊號的變化，並透過放大器放大後輸出。
輸出訊號的大小就反映了探頭到被測體表面的間距。

　　電渦流式接近感測器可用作接近開關，也可以用作測距感測器。用
作接近開關時輸出開關量訊號，安裝時一般需要在被測物上安裝一磁性
金屬感應物，金屬感應物與感測器接近到一定距離時，感測器發出觸發
訊號，繼電器動作，機器人運動停止。用作測距感測器時輸出模擬訊號，
訊號大小與距離成線性關係。

　　(2) 光電接近感測器

　　根據所用的光源不同，光電接近感測器分為激光接近感測器、紅外
線接近感測器和自然光接近感測器等。

　　1) 激光接近感測器　激光接近感測器由激光發射器和激光接收器等
組成，如圖 3-11 所示。這種感測器的優點是能實現遠距離的無接觸測
量、速度快、精度高、量程大、抗光電干擾能力強等。

　　激光接近感測器可用作接近開關，也可用作測距感測器，在焊接機
器人中主要用作接近開關。

　　光電開關分為直接反射式、鏡反射式、對射式、光纖式等幾種。直
接反射式光電開關原理如圖 3-12 所示，發射器發出的訊號經過被檢測物

體反射回來，接收器根據接收到的反射光束的變化情況對被檢測物進行判斷。鏡反射式光電開關原理如圖 3-13 所示，發射器發出的光線由一個反射鏡反射回接收器，出現被檢測體時，被檢測物阻斷光線，接收器接收的反射訊號發生變化。對射式光電開關原理如圖 3-14 所示，接收器和發射器同軸放置，並直接接收發射器發出的光線，如果被檢測物體出現，則被檢測物會阻斷發射器和接收器之間的光線，接收器接收的光訊號會發生變化。光纖式光電開關採用塑料或玻璃光纖來傳導激光束，其特點是可對距離遠的被檢測物體進行檢測，其原理如圖 3-15 所示。

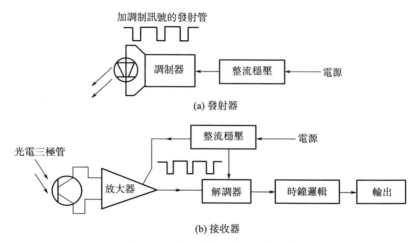

(a) 發射器

(b) 接收器

圖 3-11　激光接近感測器的組成

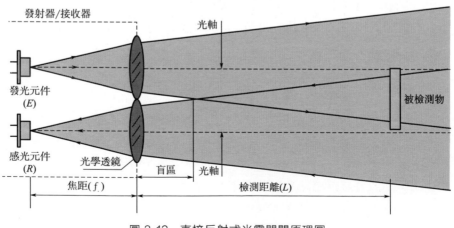

圖 3-12　直接反射式光電開關原理圖

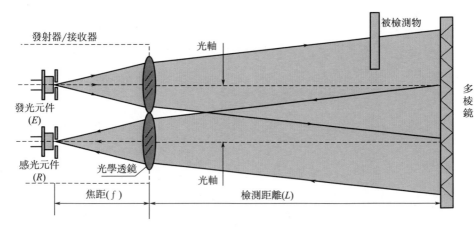

圖 3-13　鏡反射式光電開關原理圖

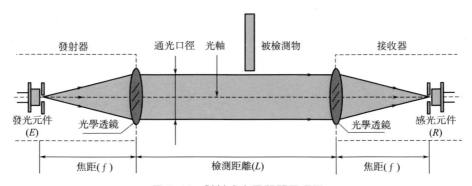

圖 3-14　對射式光電開關原理圖

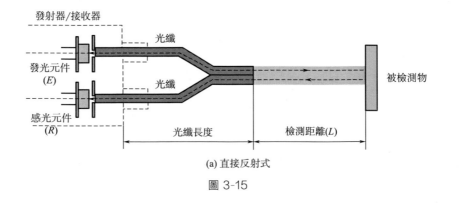

(a) 直接反射式

圖 3-15

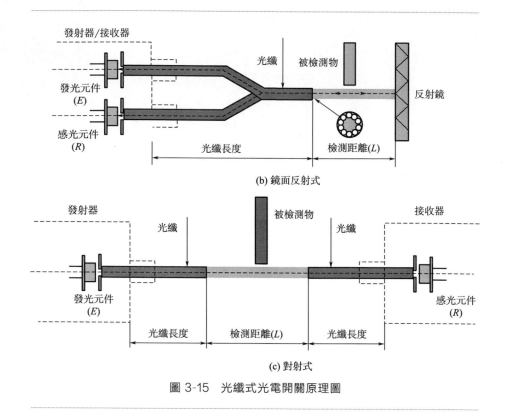

(b) 鏡面反射式

(c) 對射式

圖 3-15　光纖式光電開關原理圖

2) 紅外線接近感測器　紅外線接近感測器由紅外光發射器和紅外光敏接收器組成。紅外發光管發射經調制的紅外光訊號，投射出去後如果遇到被檢測物，則反射回來的能量會發生變化，紅外光敏元件對接收到的訊號進行判斷，得出被檢測物位置資訊。這種感測器具有靈敏度高、響應快、體積小等優點，可裝在機器人夾手上，易於檢測出工作空間內是否存在某個物體。

(3) 超聲波接近感測器

超聲波是振動頻率高於 20kHz 的聲波，由於頻率高、波長短，因此具有繞射現象小、方向性好、反射回波強等特點。超聲波感測器是將超聲波訊號轉換成其他能量訊號（通常是電訊號）的感測器。超聲波接近感測器是根據接收的回波訊號產生電訊號的一種感測器。

超聲波接近感測器原理類似於光電接近感測器，由發送器、接收器和控制器等組成，如圖 3-16 所示。根據發射器和接收器的布置形式，分為反射式超聲波感測器、對射式超聲波感測器，其中反射式應用較多。

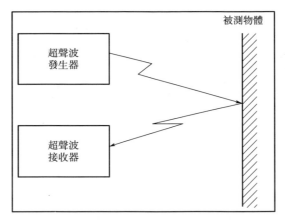

圖 3-16　超聲波接近感測器組成及基本原理

　　反射式超聲波發射器沿著一定方向發射超聲波並同時啓動計時器計時，超聲波在傳播途中碰到被檢測物時返回反射波，超聲波接收器收到反射波後立即停止計時。接收器中的微處理器計算發射和接收所用的時間 t，根據介質中傳播速度 v 計算出被檢測物的距離 $S = vt/2$ 後，顯示距離或發出開關量訊號。超聲波接近感測器既可用作輸出數字量的接近開關，又可用作輸出模擬量的測距感測器。

　　這種感測器的特點是檢測速度快、測量精度高、結構簡單、使用方便、應用廣泛。在弧焊機器人中，超聲波接近感測器通常用來測距，一般不用作接近開關。

　　超聲波接近感測器的優點是對環境中的粉塵、被測物的透明度、表面顏色和表面油污均不敏感，其缺點是響應速度較慢，而且環境風速、溫度、壓力等影響測量精度。如果對測量精度要求非常高，一般不建議採用超聲波接近感測器。表 3-1 比較了幾種接近感測器的性能特點。

表 3-1　幾種接近感測器的性能特點比較

感測器類型	電渦流式接近感測器	光電接近感測器	超聲波接近感測器
檢測距離	零點幾毫米至幾十毫米	可達 60m	零點幾米至幾米，取決於波長
響應頻率	可達 10kHz	1～2kHz	10～40Hz
誤差	≦5%	可達 0.005%	≦0.6mm
成本	低	較高	高
環境要求	空氣、油、水中均可工作，適用溫度範圍大，周圍避免有電磁場	環境中粉塵影響大	空氣介質中使用，其他介質需要調節；風速小於 10m/s 環境下，濕度和溫度影響精度

3.2.2 電弧電參數感測器

電弧電參數主要有焊接電流和電弧電壓，這兩個焊接工藝參數直接決定了焊接過程的穩定性和焊接質量，機器人在焊接過程中通常需要對其進行實時測量並調控。由於焊接過程的複雜性和多變性，焊接電流、電弧電壓感測器要有很強的隔離及抗干擾能力，焊接機器人中通常使用霍爾電流感測器和電壓感測器。感測器採集的數據由主控電腦透過數據採集卡進行接收並處理。

霍爾感測器是採用半導體材料制成的磁電轉換器件。霍爾閉環電流感測器原理如圖 3-17 所示。原邊電流 I_n（被測量的電流）產生的磁場透過副邊線圈的電流 I_m 產生的磁場進行補償，使得霍爾元件始終檢測處於零磁通的狀態，當原副邊電流產生的磁場達到平衡時，有如下關係式：

$$N_1 \times I_n = N_2 \times I_m \qquad\qquad (3-1)$$

即副邊電流 $I_m = \dfrac{N_1}{N_2} I_n$。由於數據採集卡一般採集電壓訊號，因此需要在副邊電流輸出端連接一個測量電阻 R_m，將測量電阻兩端電壓 U_m 作為數據採集卡的電壓輸入。霍爾電流感測器的使用方法非常簡單，將焊接電纜從中心孔中穿過即可。這種感測器屬於非接觸型感測器，對弧焊電源輸出的電流沒有任何干擾，測量頻率高達 100kHz，轉換速度可達 $50A/\mu s$。

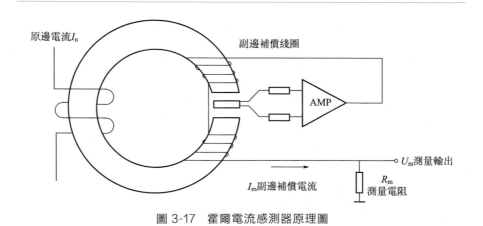

圖 3-17　霍爾電流感測器原理圖

閉環霍爾電壓感測器的工作原理與閉環霍爾電流感測器的工作原理基本相同，唯一的區別是霍爾電壓感測器要先把被測電壓轉化為電流，

這需要在輸入端接一限流電阻，如圖 3-18 所示，原邊電流與被測電壓之間的比值由這一限流電阻 R_i 確定。電壓感測器輸出端輸出的電流透過電阻 R_m 轉變為電壓訊號輸送到數據採集卡中。一般情況下，限流電阻 R_i 較大，電壓感測器的輸入電流較小，產生的磁場強度也較小，

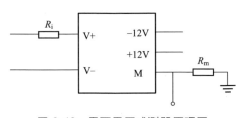

圖 3-18　霍爾電壓感測器原理圖

因此其測量精度對周圍磁場比較敏感。在使用過程中，霍爾電壓感測器應盡量遠離載有焊接電流的電纜，防止焊接電流產生的磁場影響測量精度。霍爾電壓感測器的輸入端應分別連接焊槍的導電嘴和工件。

3.2.3　焊縫追蹤感測器

　　焊接工件的坡口尺寸和裝配不可避免地存在誤差，而且在焊接過程中還可能會因熱影響而發生難以預見的變化，這種誤差或變化超出允許範圍後機器人就無法高效、高質地完成任務。採用感測器實時監測相關幾何參數並及時對焊接參數做出相應調整的方法可以間接地消除這種不利影響。這種控制分為兩大類，一類是透過檢測與糾正使得電弧中心線對準坡口中心線，這類控制稱為焊縫追蹤控制；另一類是透過檢測坡口尺寸變化控制弧焊電源自動適應這種變化，輸出適合當前坡口尺寸的電參數，保證焊縫成形質量，這類控制稱為焊縫質量控制。目前焊縫追蹤感測器有電弧式、機械接觸式、激光視覺式、超聲式等。應用較廣的是電弧焊縫追蹤感測器和激光視覺感測器。

　　（1）電弧焊縫追蹤感測器

　　電弧焊縫追蹤感測器透過檢測焊接電弧自身的電訊號來計算焊槍擺動中心點（TCP）行走軌跡和預期行走軌跡的偏差，用此偏差來控制電弧擺動裝置做出糾正，如圖 3-19 所示。圖中 x-y-z 為工件座標系，x 方向為焊接方向；o-n-a 為工具座標系，TCP 為擺動中心，也是工具座標系的原點；焊槍一方面沿著 x 方向行走，另一方面在工具座標系中以正弦波軌跡擺動。圖 3-19(b) 示出了擺動中心預期軌跡點，在理想情況下，工具座標系的 a 軸位於坡口角的平分線上，擺動軌跡的兩個頂點離工件的距離相等。

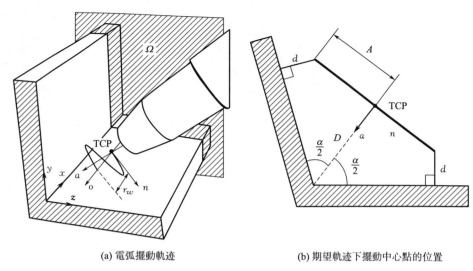

(a) 電弧擺動軌迹   (b) 期望軌迹下擺動中心點的位置

圖 3-19 擺動中心點理性軌跡

這種感測器依據的基本原理是焊接電流隨著導電嘴到工件距離 l 的變化而變化，可用式（3-2）表示：

$$U = \beta_1 I + \beta_2 + \beta_3 / I + \beta_4 l \qquad (3\text{-}2)$$

式中，U、I、l 分別為電弧電壓、焊接電流和弧長；β_1、β_2、β_3 和 β_4 均為常數。熔化極氣體保護焊通常採用平特性電源，電弧電壓保持不變，因此，由式（3-2）可看出，焊接電流隨著弧長的增大而減小。圖 3-20 示出了感測原理。電弧沿著橫向（垂直於焊槍行走方向）擺動，焊接電流將週期性變化。如果擺動中心位於預期軌迹上，即焊槍行走沒有偏差，則電流變化曲線遵循正弦波規律，每 1/4 波內的電流平均值是恆定值（$I_L^* = I_R^* = I^*$），如圖 3-20(b) 中的虛線所示。因此利用相鄰兩個 1/4 波平均電流的偏離量就可判斷是否偏離。如果有偏差，則電流變化曲線不再遵循正弦波規律，每 1/4 波內的電流平均值將偏離 I^*。圖中，$I_L > I_L^*$，$I_R < I_R^*$，說明焊槍擺動到左側時導電嘴到工件的距離變小，而擺動到右側時導電嘴到工件的距離變大，焊槍擺動中心點向左偏了。利用該偏差量作為輸入訊號可以糾正擺動中心點的位置偏差，使得電弧對準坡口中心線。

電弧感測器是目前焊接機器人最常用的實時追蹤感測器。這種感測器具有如下優點：

① 它是一種非接觸式感測器，感測精度不受工件表面狀態的影響。

② 透過檢測電弧本身電流的變化進行控制，因此不受弧光、煙氣的影響。

③ 可進行高低和橫向兩維追蹤。

④ 在焊槍旁不需要附加裝置，不占用空間，焊槍的可達性不受影響。

⑤ 成本較低。

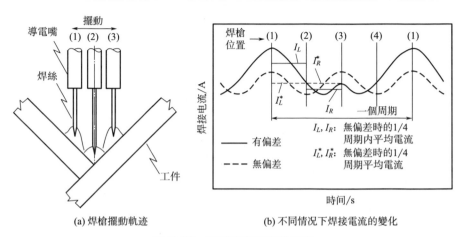

(a) 焊槍擺動軌迹

(b) 不同情況下焊接電流的變化

圖 3-20　電弧追蹤感測器原理

　　電弧追蹤感測器主要用於熔化極氣體保護焊，要求接頭形式為角接、厚板搭接（工件厚度大於 2.5mm）或開有對稱坡口（V、U 和 Y 形坡口）的對接，不能用於 I 形坡口對接。其缺點是不能在起弧之前找到焊縫起點，而且影響電弧穩定性的干擾因素都會影響感測器精度。對於短路過渡 CO_2 氣體保護焊，焊接電流隨著電弧狀態變化而變化，需要採取措施保證檢測訊號的穩定性。

　　圖 3-21 示出了電弧追蹤感測器在角接接頭焊接中的追蹤效果，無論是高度方向還是水平方向上的位置偏差均得到了很好的糾正。圖 3-22 示出了電弧追蹤感測器在管-管馬鞍形接頭焊接中的追蹤效果，無論是方向還是位置偏差均能得到很好的補償。

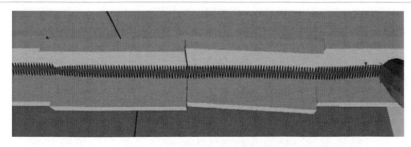

圖 3-21　電弧追蹤感測器在角接接頭焊接中的追蹤效果

圖 3-22　電弧追蹤感測器在管-管馬鞍形接頭焊接中的追蹤效果

　　電弧追蹤感測器擺動頻率較低，通常小於 50Hz，因此不能用於高速焊接和薄板的搭接。為了解決這一問題，研究人員提出了高速旋轉電弧法，圖 3-23 給出了高速旋轉電弧法在 TIG 焊中的應用原理。將焊槍固定在偏心齒輪上，利用電動機帶動該偏心齒輪旋轉，這樣電弧將會高速旋轉，其旋轉頻率可達 100Hz。TIG 焊採用陡降外特性電源，導電嘴到工件距離發生變化時，焊接電流並不發生變化，而電弧電壓會發生變化。圖 3-23(b) 示出了不同情況下電弧電壓在焊槍擺動過程中的變化規律。如果擺動中心位於預期軌跡上 [在擺動中心，鎢極中心線正好與坡口角等分線重合，如圖 3-19(b) 所示]，即焊槍行走沒有偏差（$\Delta x = 0$），則電弧電壓變化曲線如圖 3-23(b) 中的虛線所示，焊槍擺動到熔池前部邊緣 C_f 和後部邊緣 C_r 時，弧長最長，電弧電壓最大；而擺動到熔池左邊緣和右邊緣時，電弧弧長最短，電弧電壓最小。焊槍每擺動一圈，電弧電壓波形經歷一個週期，而兩個半波是相同的。如果焊槍擺動中心偏離理想軌跡，即有偏差（比如偏向右側），則 $\Delta x \neq 0$，電壓變化曲線如圖 3-23(b) 中的實線所示，電弧電壓最大值相對於熔池前部邊緣 C_f 前移，而在熔池尾部邊緣 C_r 後移，且在焊槍旋轉一圈時，電弧電壓變化週期的兩個半波是不對稱的，即相對於 C_f 點是不對稱。透過求出 C_f 點左右兩邊相同時間間隔內的電弧電壓積分就可判斷偏差量，利用該偏差量可進行糾偏控制。

　　高速旋轉電弧感測器提高了焊槍位置偏差的檢測靈敏度，顯著改善了追蹤的精度，而且使快速控制成為可能。

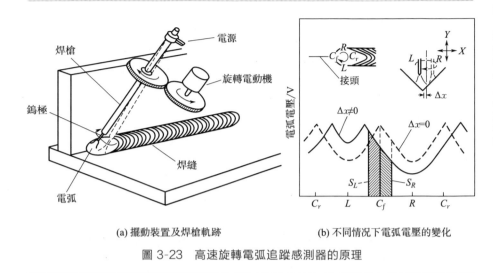

(a) 擺動裝置及焊槍軌跡　　　(b) 不同情況下電弧電壓的變化

圖 3-23　高速旋轉電弧追蹤感測器的原理

(2) 激光視覺感測器

激光視覺感測器是基於三角測量原理的一種感測器，如圖 3-24 所示。激光束照射到被測量物體的表面，其反射光束經過成像透鏡後在光敏感元件上形成一個焦點。激光頭與成像透鏡的連線稱為基準線，兩者之間的距離為 s，透鏡的焦距為 f，激光與基準線的夾角為 β。假設被檢測物體在激光器的照射下，反射回位置感測器成像平面的位置為點 P。激光頭、成像透鏡與被檢測物組成的三角形相似於成像透鏡、成像點 P 與輔助點 P' 組成的三角形。

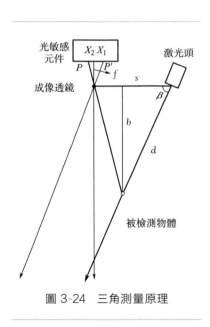

圖 3-24　三角測量原理

設 $PP' = x$，則有

$$b = fs/x \qquad (3-3)$$

$$x = x_1 + x_2 = f/\tan\beta + \text{pixelSize} \times \text{position} \qquad (3-4)$$

其中，pixelSize 是像素單位大小；position 是成像點在像素座標中相對於成像中心的位置。由式（3-3）和式（3-4）可求得距離 d：

$$d = b/\sin\beta \qquad\qquad (3\text{-}5)$$

當激光頭與被檢測物的距離發生變化時，光敏感元件上的像點位置也會相應發生變化，所以根據物像的三角形關係可以計算出高度的變化，因此可測量高度變化量。當激光束以一定軌跡掃描或透過掃描鏡片在被檢測物的表面投射出線形或其他幾何形狀的條紋（結構光）時，陣列式光敏元件上就可以得到反映被檢測物表面特徵的激光條紋圖像。而當激光視覺感測器沿著坡口掃描前進時，不僅可得到坡口的輪廓資訊，還可判斷掃描中心線是否在坡口中心線上，因此可用於坡口定位、焊縫追蹤、坡口尺寸檢測、焊縫成形檢測等。

　　根據激光束是否掃描，激光視覺感測器分為結構光式和掃描式兩種。結構光式感測器採用束斑尺寸較大的單光面或多光面的激光束和面型的光敏感元件。由於所用激光的功率一般比電弧功率小，通常需要把這種感測器放在焊槍的前面以避開弧光直射的干擾，如圖 3-25 所示。這種感測器的缺點是束斑上的光束強度分布難以保證均勻，因此獲取的圖像品質不高。另外，鋁合金、不銹鋼、鍍鋅板等光亮表面會導致二次反射光，二次反射光會對圖像造成強烈干擾，這給後續的圖像處理帶來了極大的困難。

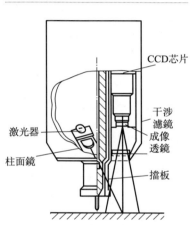

CCD芯片

干涉濾鏡
激光器
成像透鏡
柱面鏡
擋板

圖 3-25　結構光視覺感測器結構

　　掃描式激光視覺感測器採用束斑直徑很小的光束進行掃描成像，因此訊號雜訊比很高，反光處理更容易一些。這種感測器一般採用陣列 CCD 器件作為成像器件，如圖 3-26 所示。激光頭發出的激光經過聚焦透鏡聚焦成束斑很小的激光束，經偏轉鏡偏轉後照射到工件上，該偏轉鏡在電動機的驅動下旋轉，使激光束在工件上以一定的角度進行掃描，掃描角度透過角位移感測器進行控制。掃描光束的反射光束經過檢測轉鏡和成像透鏡後進入 CCD 陣列，形成能夠反映工件坡口幾何尺寸及空間位置等資訊的圖像。這種掃描感測器的景深較大，可達 280mm。由於激光束斑點尺寸不可能很小，其橫向解析度相對較低，通常＞0.3mm。另外，由於採用機械掃描，掃描頻率不高，通常只有 10Hz，因此這種感測器主要用於大厚度工件的焊縫追蹤和自適應質量控制。高精度和高速度的追蹤或檢測大多採用結構光感測器。

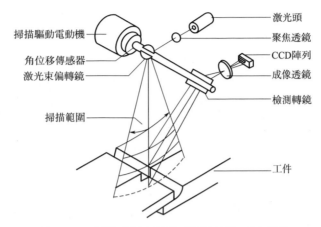

圖 3-26　掃描式激光視覺感測器結構及原理圖

　　如果將激光視覺感測器的圖像敏感元件由模擬 CCD 升級為數字式 CMOS 器件，圖像獲取幀率可達 3000～10000 幀/s，可顯著地提高成像品質、感測速度和精度。利用數位化技術，還可透過適當的圖像處理算法來消除鋁合金、不銹鋼、鍍鋅板等光亮表面二次反射造成的干擾，更清晰地識別焊縫坡口，實現精確的焊縫追蹤的同時，準確地測量接頭的間隙、錯邊和坡口截面積等幾何參數，用來進行自適應控制。

　　掃描式激光視覺感測器通常安裝在焊槍上，應位於焊絲前面一定的距離，如圖 3-27 所示。焊接機器人需要用一個自由度來保證焊槍和感測器實時對中坡口中心。除了與機器人進行機械連接外，感測器還要與機器人控制器透過電氣接口進行電氣連接，構成完整的感測系統，如圖 3-28 所示。

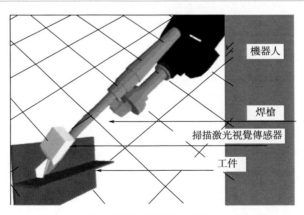

圖 3-27　激光視覺感測器在機器人上的安裝

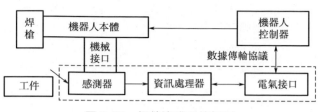

圖 3-28　焊縫追蹤系統框圖

感測器實時檢測焊槍與坡口之間的相對位置，並將檢測資訊發送給資訊處理器進行處理。資訊處理器與機器人控制器透過可雙向傳送資訊的電氣介面連接。機器人控制器透過介面收到感測資訊後結合其他資訊進行判斷，向機器人本體發出相應的指令，驅動焊槍將電弧對準坡口。

激光視覺感測器不僅可用於機器人焊接過程檢測和控制，而且還能用於實時或焊後品質檢測。將感測器安裝在焊槍後面，對焊縫進行掃描獲得焊縫表面的 3D 圖像，藉助數位技術的圖像處理算法，可高速、高精度地計算出焊縫幾何形狀參數，如熔寬、餘高、焊趾角度等，還可檢測咬邊、焊瘤和表面氣孔等缺陷。圖 3-29 給出了激光視覺感測器檢測出的錯邊及穿孔缺陷。

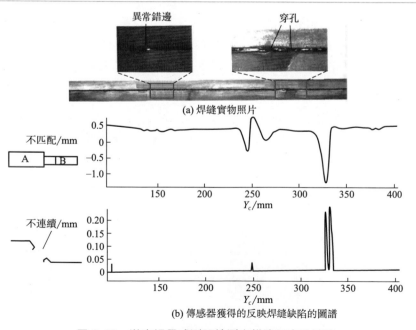

圖 3-29　激光視覺感測器檢測出錯邊及穿孔缺陷

第4章

焊接機器
人系統

　　焊接機器人系統由機器人本體、機器人控制器、焊接系統、變位機及夾持裝置、焊接感測系統、安全保護裝置及清槍站等組成。機器人焊接工作站或機器人生產線通常由一臺或多臺焊接機器人、若干臺搬運機器人、若干臺變位機、若干套焊接系統及統一的機器人控制中心構成。

　　根據焊接方法的不同，機器人系統分為弧焊機器人系統、電阻焊機器人系統、激光焊機器人系統和摩擦焊機器人系統等。

4.1 　電阻點焊機器人系統

4.1.1 　電阻點焊機器人系統組成及特點

　　點焊機器人系統一般由機器人本體、機器人控制系統、示教盒、點焊鉗、氣/水管路、電極修磨機及相關電纜等構成，如圖 4-1 所示。通常還需要配有合適的變位機和工裝夾具。圖 4-2 示出了機器人本體和點焊鉗的典型結構。點焊機器人工作站通常有多臺機器人同時工作，圖 4-3 為汽車車身生產線用點焊機器人工作站。

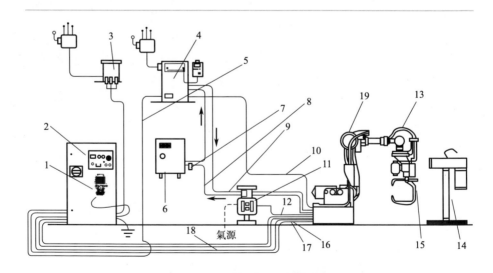

圖 4-1　點焊機器人系統結構

1—機器人示教盒；2—機器人控制櫃；3—機器人變壓器；4—點焊控制箱；5—點焊指令電纜；6—水冷機；7—冷卻水流量開關；8—焊鉗回水管；9—焊鉗水冷管；10—焊鉗供電電纜；11—氣/水管路組合體；12—焊鉗進氣管；13—手部集合電纜；14—電極修磨機；15—點焊鉗；16—機器人控制電纜；17—機器人供電電纜；18—焊鉗（氣動/伺服）控制電纜；19—機器人本體

圖 4-2　焊接機器人本體
　　和焊鉗的典型結構

圖 4-3　汽車點焊機器人工作站

點焊機器人具有如下優點。

① 焊接過程完全自動化，焊接產品品質顯著提高，而且品質穩定性和均一性好。

② 焊接生產率高，持續工作時間長，一天可 24h 連續生產。

③ 工人勞動條件好，勞動強度低，對工人操作技術要求顯著降低。

④ 柔性好，既適合大量生產，又適合少量產品生產。

⑤ 易於實現群控，且可用於編組的生產線上，進一步提高生產率。

4.1.2　電阻點焊機器人本體及控制系統

（1）點焊機器人本體

點焊通常採用全關節型機器人本體。電阻點焊對機器人本體的自由度、驅動方式、工作空間、各個自由度的運動範圍和最大運動速度、腕部負載能力、控制方式和重複精度、點焊焊接速度等的要求如下。

1）自由度　點焊要求 5 個自由度以上即可，目前使用較多是具有 6 個自由度的機器人本體，這 6 個自由度是：腰轉、大臂轉、小臂轉、腕轉、腕擺及腕捻。

2）驅動方式　點焊機器人的驅動方式有氣壓、液壓和電動驅動等，其中電動驅動因具有維護方便、能耗低、速度快、精度高、安全性好等優點，應用最為廣泛。

3）工作空間　需選用工作空間符合實際工作要求的機器人，通常根據焊點位置和數量來選擇，一般要求工作空間不小於 $5m^3$。

4）各個自由度的運動範圍和最大運動速度　表 4-1 給出了點焊機器

人在各個自由度上的典型的運動範圍和最大運動速度。

表 4-1　點焊機器人在各個自由度上的典型的運動範圍和最大運動速度

自由度	運動範圍/(°)	最大運動速度/[(°)/s]
腰轉	±135	50
大臂轉	前 50,後 30	45
小臂轉	上 40,後 20	40
腕轉	±90	80
腕擺	±90	80
腕捻	±170	80

5）腕部負載能力　由於點焊鉗較重，所以要求點焊機器人的負載能力較大，一般應不小於 50~120kg。

6）控制方式和重複精度　點焊過程中主要控制焊點的位置，因此可採用點位控制方式（PTP），其定位精度應小於±5mm。

7）點焊焊接速度　點焊機器人的點焊速度較大，一般在 60 點/min以上。選擇點焊機器人時應注意單點焊接時間要與生產線物流速度相匹配。

（2）示教盒

示教系統是機器人與人的交互介面，利用示教系統將機器人末端的位姿、軌跡、各個重要節點全部動作、焊接參數透過程序寫入控制器儲存器中，焊接過程中調用該程序，執行焊接過程。它實質上是一個專用的智慧終端。圖 4-4 給出了典型的點焊機器人示教盒。

示教盒採用圖形化界面，透過觸摸屏和按鍵可完成所有指令操作，實現所有設置。點焊機器人通常為 PTP 模式（點位控制型），因此其示教較為簡單，僅需進行點到點的控制，兩

圖 4-4　點焊機器人示教盒

點之間的路徑不控制。

（3）機器人控制器

機器人控制器通常由電腦硬體、軟體和一些專用控制電路組成，其軟體包括控制器系統軟體、機器人專用語言、機器人運動學、動力學軟體、機器人控制軟體、機器人自診斷、自保護功能軟體等，它處理機器人工作過程中的全部資訊，並發出控制命令控制機器人系統的全部動作。如果在示教過程中操作者誤操作或在焊接過程中出現故障，報警系統均

會自動報警並停機,同時顯示錯誤或故障資訊。

點焊機器人控制器與電阻點焊控制器進行通訊的方式與弧焊基本類似,但目前應用較多的是點對點的 I/O 模式。

4.1.3 點焊系統

點焊系統由點焊鉗、點焊電源、焊接控制器及水、電、氣等輔助系統等組成。

(1) 點焊鉗及點焊電源

1) 點焊鉗的結構形式 點焊鉗是點焊機器人的末端操作器,根據其結構形式可分為 C 形和 X 形兩種,如圖 4-5 所示。C 形點焊鉗用於點焊位於豎直及近於豎直方向上的焊點焊接,X 形焊鉗則主要用於點焊水平及近於水平方向上的焊點焊接。

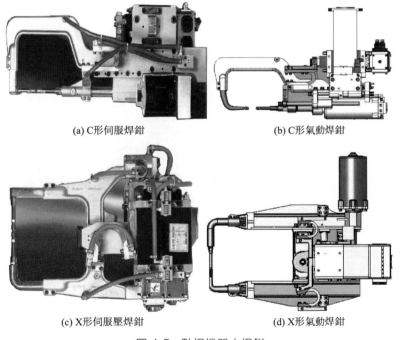

(a) C形伺服焊鉗 (b) C形氣動焊鉗

(c) X形伺服壓焊鉗 (d) X形氣動焊鉗

圖 4-5 點焊機器人焊鉗

2) 點焊鉗的驅動方式 按驅動方式分,點焊機器人焊鉗可分為氣動點焊鉗和伺服點焊鉗。氣動焊鉗利用壓縮空氣氣缸進行驅動,透過換向閥來控制開閉動作,由焊接控制器發出模擬訊號驅動比例閥來控制焊接

壓力。這種焊鉗具有結構簡單、易於維護保養的優點。其缺點是焊接壓力在焊接過程中無法進行調節，不利於焊接品質的提高；電極移動速度在加壓過程中無法控制，對工件衝擊較大，既容易使工件產生變形，又產生較大的噪聲；焊接壓力不能精確控制，易導致較大飛濺；另外，這種焊鉗的電極易於磨損，影響焊接品質。

伺服點焊鉗透過伺服馬達來驅動，焊鉗的張開、閉合以及焊接壓力均由伺服電動機驅動控制，張開度和焊接壓力均為無級調節，而且調節精度極高。有些機器人還能把伺服焊鉗的伺服驅動電動機作為機器人的一個聯動軸。伺服焊鉗閉合加壓過程中可實時調節壓力，保證兩電極輕輕閉合，實現軟接觸，最大限度地降低對工件的衝擊，降低了噪聲和飛濺。由於焊鉗的張開度可無級調節並精確控制，因此在從一個焊點向另一個焊點的移動過程中，可逐漸閉合鉗口，縮短焊接週期，提高生產效率。

3）點焊鉗與點焊電源的連接關係　點焊電源是提供焊接電流的裝置。根據點焊鉗與點焊電源的連接關係，點焊鉗分為三種：一體式、分離式和內藏式，如圖 4-6 所示。

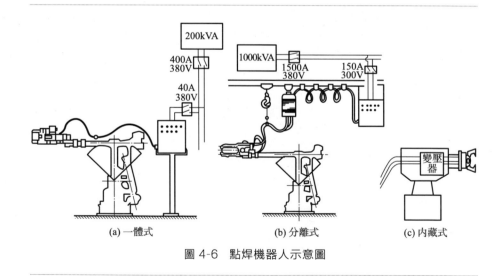

圖 4-6　點焊機器人示意圖

一體式點焊鉗的點焊電源和鉗體組裝為一體，然後安裝在機器人操作機手臂末端，如圖 4-6(a) 所示。其優點是無須採用粗大的二次電纜及懸掛變壓器的工作架、結構簡單、維護費用低、節能省電（與分離式相比，可節能 2/3）。其缺點是操作機末端承受的負荷較大（一般為 60kg）、焊鉗可達性較差。圖 4-7 給出了一體式點焊鉗的結構。

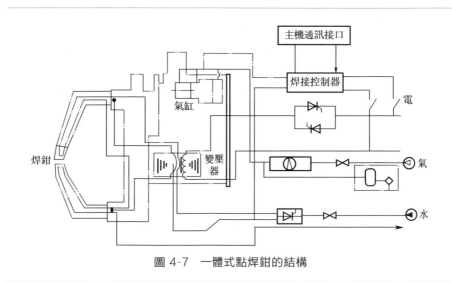

圖 4-7　一體式點焊鉗的結構

　　分離式點焊鉗的特點是鉗體和點焊電源相互分離，前者安裝在機器人操作機手臂末端，而後者懸掛在機器人上方的懸梁式軌道上，並可在軌道上隨著焊鉗移動，二者之間透過電纜相連，如圖 4-6(b) 所示。這種焊鉗的優點是機器人本體手臂末端的負載較小、運動速度高、造價便宜。其缺點是能量損耗較大、能源利用率低、工作空間和焊接位置受限、維護成本高（連接電纜需要定期更換）。

　　內藏式焊鉗的點焊電源安放到機器人手臂內靠近鉗體的位置，如圖 4-6(c) 所示。其優點是二次電纜短、變壓器容量小，缺點是機器人本體的設計結構複雜。

　　(2) 焊接控制器

　　焊接控制器的功能是完成焊接參數輸入和焊接程序儲存，進行簡單或複雜的點焊時序控制，進行電流波形控制、焊接壓力調節及控制、焊接時間控制（包括加壓時間、通電時間、保持時間和間歇時間等），提供故障診斷和保護，實現與機器人控制器及手控示教盒的通訊聯繫，通訊方式一般為點對點的 I/O 模式。

　　根據點焊控制器和機器人控制器的相互關係，點焊機器人系統分三種結構形式。

　　1) 中央控制型　由主電腦統一進行管理、協調和控制，焊接控制器作為整個控制系統的一個模塊安裝在機器人控制器的機櫃內。這種控制器的優點是設備集成度高。

2）分散控制型　焊接控制器與機器人控制器彼此相對獨立，分別控制焊接過程和焊接機器人本體的動作，二者透過「應答」方式進行通訊。開始焊接時，機器人控制器給出焊接啓動訊號，焊接控制器接到該訊號後自行控制焊接程序的進行，並在焊接結束後向機器人控制器發送結束訊號。機器人控制器收到結束訊號後使焊鉗移位，進行下一個焊點的焊接。其典型焊接循環如圖 4-8 所示。

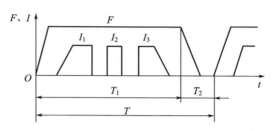

圖 4-8　點焊機器人典型的焊接循環

T_1—焊接控制器控制；T_2—機器人主控電腦控制；

T—焊接週期；F—電極壓力；I—焊接電流

3）群控系統　以群控電腦為中心將多臺點焊機器人連接成一個網路，對這些機器人進行群控。每臺點焊機器人均設有「焊接請求」及「焊接允許」訊號端口，與群控電腦相連，以實現網內焊機的分時交錯焊接。這種控制方法的優點是可優化電網瞬時負載、穩定電網電壓、提高焊點質量。

4.2　弧焊機器人系統

4.2.1　弧焊機器人系統組成

弧焊機器人系統由機器人本體、機器人控制器、示教盒、焊接系統、外部感測器、變位機、安全防護裝置及清槍站等構成，而焊接系統主要由焊槍、送絲機和弧焊電源構成。弧焊電源應為機器人專用電源，具有與機器人通訊的介面。圖 4-9 示出了典型的弧焊機器人系統組成。圖 4-10 是由一臺機器人和三臺變位機組成的機器人工作站。圖 4-11 示出了由兩臺機器人和一臺變位機組成的機器人工作站。

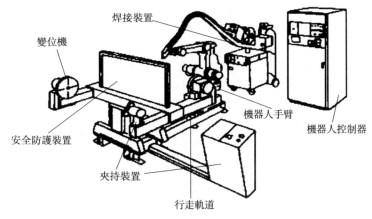

圖 4-9　典型弧焊機器人系統組成

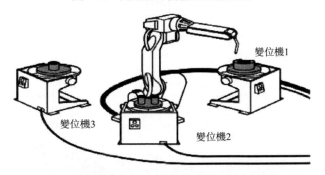

圖 4-10　由一臺機器人和三臺變位機組成的機器人工作站

圖 4-11　由兩臺機器人和一臺變位機組成的機器人工作站

4.2.2 弧焊機器人本體及控制器

（1）機器人本體

為了實現高品質焊接，要求焊接機器人驅動焊槍精確地沿著坡口中心運動並保證焊槍的姿態，而且控制系統能夠在焊接過程中根據坡口尺寸或對中情況不斷調節焊接工藝參數（如焊接電流、電弧電壓、焊接速度、焊槍位姿等）。一般應滿足以下幾個要求。

① 自由度。6 個自由度的弧焊機器人即可滿足大部分弧焊要求，如果工件複雜而且自動化程度要求高，可透過變位機擴展自由度。

② 重複定位精度。大部分弧焊工藝要求的重複定位精度為±0.05～0.1mm，等離子弧焊工藝的定位精度要求更高。

③ 工作空間範圍。機器人的運動範圍一般為 1.4～1.6m，可透過龍門架擴展工作範圍，如圖 4-12 所示，也可透過懸臂梁或行走軌道等裝置擴展工作範圍，如圖 4-13 所示。

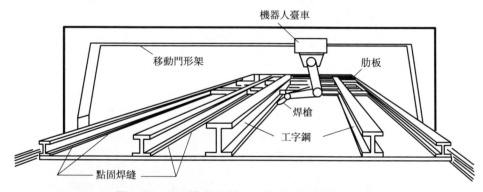

圖 4-12 透過龍門架擴展工作空間的機器人系統

(a) 透過懸臂梁擴展工作空間　　(b) 透過行走軌道擴展工作空間

圖 4-13 擴展工作空間的機器人系統

④ 負荷能力。弧焊機器人焊槍質量一般較小，負荷能力要求為 6～20kg。

⑤ 便於安裝各種感測器，以實現自適應控制。

(2) 機器人控制器及教導器

機器人控制器是機器人的神經中樞。它由電腦硬體、軟體和一些專用電路構成，其軟體包括控制器系統軟體、機器人專用語言、機器人運動學、動力學軟體、機器人控制軟體、機器人自診斷、自保護功能軟體等。它儲存並執行透過示教盒編寫的工作程序，處理機器人工作過程中的全部資訊和控制其全部動作。機器人控制器通常滿足以下條件。

① 具有豐富的介面功能，透過一定的協議與變位機、弧焊電源、感測器等交換資訊。

② 有足夠的儲存空間，能夠儲存 1h 以上的示教內容。應至少能儲存 5000～10000 個點位。

③ 具有極高的抗干擾能力和可靠性，能在各種生產環境中穩定地工作，其故障小於 1 次/1000h。

④ 具有自檢測功能和自保護，例如，當焊絲或電極與工件「黏住」時，系統能立即自動斷電，對系統進行保護；在焊接電弧未引燃時，焊槍能自動復位並自動再引弧。

弧焊機器人示教盒用於示教機器人編寫示教程序、顯示機器人工作狀態、運行或試運行示教程序。可與機器人控制器透過介面（如 USB 介面、CAN 總線等）相連，按照一定的通訊協議通訊。如果使用 USB 介面，則可進行熱插拔。示教盒設有豐富的鍵盤功能和觸摸顯示器，便於進行機器人運動控制和編寫程序，如圖 4-14 所示。不同機器人的操作系統是不同的，大部分機器人的操作系統與 Windows 類似。

圖 4-14　弧焊機器人示教盒

4.2.3　弧焊機器人的焊接系統

弧焊機器人的焊接系統主要由弧焊電源、送絲機、焊槍、清槍站等組成。

(1) 弧焊電源

很多情況下，弧焊機器人需要在焊接過程中不斷調節焊接參數，因此機器人用弧焊電源需要配置機器人介面，以實現與機器人控制系統的通訊，並且弧焊電源還應具有更高的穩定性、更好的動態性能和調節性能。一般應選用高性能的全數位化電源，具有專家數據庫或一元化調節功能。另外，機器人用弧焊電源還應具有如下功能。

① 焊絲自動回燒去球功能，即透過送絲速度和電源輸出電壓的協調控制，防止焊絲端部在熄弧過程中形成熔球。這是因為弧焊機器人要求100％的引弧成功率，焊絲端部一旦形成小球，下一次焊接時的引弧成功率將顯著下降。

② 精確調節引弧電流大小、引弧電流上升速度、收弧電流大小及收弧電流下降速度，以保證引弧點和熄弧點處的焊縫成形質量。

③ 配有弧焊機器人控制器連接介面，按照 I/O、DeviceNet、Profibus 和以太網等方式與機器人控制器進行高速通訊。

④ 能夠可靠實現一脈一滴過渡。

⑤ 負載持續率應達到100％。

⑥ 對於 TIG 焊電源，還應具有高頻屏蔽功能，防止引弧過程中的高頻電訊號影響機器人動作。

(2) 送絲機

送絲機通常安裝在機器人本體的肩部。與半自動焊相比，弧焊機器人對送絲平穩性要求更高，因此，弧焊機器人送絲機應採用四驅動輪送絲機構，用伺服電動機進行驅動。特別是 CMT 焊機，應採用慣性極小的伺服電動機進行驅動，以實現送絲/回抽的快速切換控制。弧焊機器人送絲機一般採用微處理器控制，設有與弧焊電源或機器人控制器通訊的介面，並具有點動送絲/回抽功能，便於更換焊絲盤。

(3) 焊槍

弧焊機器人焊槍的安裝方式有兩種：一種是內置式，另一種是外置式，如圖 4-15 所示。內置式連接需要將機器人本體的腕部做成中空的，這種安裝方式的優點是焊槍的可達性好，缺點是結構複雜，而且焊槍轉動時對電纜壽命有影響。外置安裝需要在弧焊機器人的第六軸上安裝焊

槍夾持裝置,這顯著降低了焊槍的可達性,但這種安裝方式具有成本低、結構簡單的優點,在可達性滿足要求的情況下,一般均使用這種安裝方式。

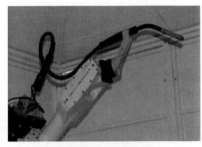

(a) 內置式安裝   (b) 外置式安裝

圖 4-15 機器人焊槍的安裝

　　機器人焊槍上最好安裝防碰撞感測器,如圖 4-16 所示。這樣,焊槍在遇到障礙物或人時會立即停止運動,保證人員和設備安全。常用的防碰撞感測器為壓縮彈簧式三維感測器,發生碰撞時,碰撞力擠壓彈簧使彈簧收縮,啟動開關使機器人立即停止運動。復位後彈簧自動彈回,無須對焊槍重新校驗。這種防碰撞器具有體積小、結構簡單、可靠性高的優點,可防止各個方向上的碰撞。而且可根據實際需要,透過更換不同彈性係數的彈簧來調節保護等級。

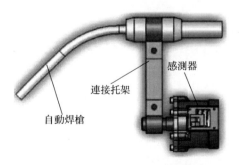

圖 4-16 焊槍防碰撞感測器的安裝

（4）清槍站

　　為了提高生產效率,弧焊機器人系統通常配有清槍站,用於清理焊槍上的飛濺顆粒及異物,並塗抹防飛濺油。清槍站通常利用旋轉鉸刀進

行噴嘴清理。將鉸刀深入到噴嘴內部，並使之繞焊絲和導電嘴旋轉幾周即可把飛濺物清理乾淨。清理完成後轉動噴油嘴對準焊槍噴嘴內壁噴灑防飛濺硅油，如圖 4-17 所示。

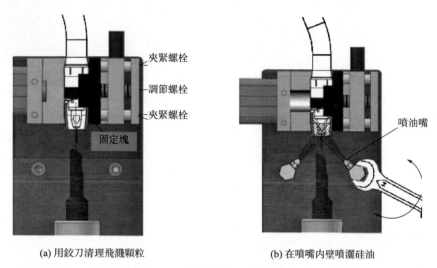

夾緊螺栓
調節螺栓
夾緊螺栓
固定塊

噴油嘴

(a) 用鉸刀清理飛濺顆粒　　　　　　(b) 在噴嘴內壁噴灑硅油

圖 4-17　清槍站清理焊槍示意圖

4.3　特種焊機器人

4.3.1　激光焊機器人系統結構

激光焊機器人系統由機器人本體、控制器、焊接系統和變位機等組成，如圖 4-18 所示。焊接系統由激光器和激光焊頭或掃描式激光焊頭構成。要求機器人本體具有較高的定位精度和重複精度，重複精度為 $\pm 0.05\mathrm{mm}$，負載能力不小於 $30\sim100\mathrm{kg}$。激光焊機器人焊接系統通常配有 CCD 攝像頭，用來觀察焊接過程，並檢測焊縫的實際位置，實現焊縫自動對中，以彌補工件加工誤差和裝配誤差。典型的變位機由旋轉-翻轉軸構成，這兩個軸與機器人聯動，構成機器人的第七軸和第八軸，用於將複雜的工件變位到最容易焊接的位置並增大焊接區域的可達性。由於激光焊焊接速度快，焊接生產率主要取決於工件的上裝和下載效率，因此為了提高焊接效率，激光焊機器人系統通常配置兩套或多套工作檯，

在一個工作檯上進行焊接時，在其他工作檯上進行裝配或卸載。系統通常配有 CAD/CAM 離線編程軟體，透過導入工件的三維數模文件可自動生成焊接程序，省去了示教過程，這樣就顯著地節省了時間。系統通常配有激光安全防護艙，該安全防護艙配備有激光安全防護玻璃及自動門。

激光焊機器人採用大功率激光器，常用的有兩類，一類是固體激光器，另一類是氣體激光器。固體激光器一般採用 Nd：YAG 激光器，其波長為 $1.06\mu m$，可利用光纖進行傳輸，這樣既簡化了光路系統，又可進行遠距離傳輸，有利於實現遠程焊接。目前這種激光器的功率已可做到 10kW。氣體激光器利用 CO_2 氣體作為工作介質，其波長為 $10.6\mu m$，優點是安全性較好，功率可達到較大值，目前已經可做到 20kW。激光焊機器人目前已經廣泛用於汽車工業的汽車車身拼焊。

圖 4-18　激光焊機器人

圖 4-19　攪拌摩擦焊機器人

4.3.2　攪拌摩擦焊機器人系統結構

攪拌摩擦焊機器人是將重載工業機器人與攪拌摩擦焊主軸系統集成起來的一種先進自動化設備，由機器人本體、機器人控制器和摩擦焊主軸系統等組成，如圖 4-19 所示（圖中未示出機器人控制器）。由於在焊接過程中需要攪拌頭向工件施加較大的力和力矩，這使得機器人各個軸均需要承受較大的力，因此攪拌摩擦焊要求機器人本體具備很大的負載能力，一般應大於 500kg，而且能夠在大負荷下保持很高的穩定性、重複精度和位姿精度。為了實現可靠的機器人控制，攪拌摩擦焊焊頭需要配

置複雜的感測系統，如壓力感測器、溫度感測器、焊縫追蹤感測器等；為了提高可達性，摩擦焊焊頭做得要盡量小。

攪拌摩擦焊機器人系統極大提升了攪拌摩擦焊的作業柔性，可實現複雜的軌跡運動，適用於結構複雜的產品的焊接。還可透過匹配外部軸擴展機器人工作空間和自由度；也可實現多模式過程控制，如壓力控制、扭矩控制等，保證焊接接頭品質良好。這種焊接方法還具有綠色節能高效、焊接生產成本低等優點。據統計，機器人攪拌摩擦焊單件焊接成本比氫弧焊機器人焊接低 20％，而多軸攪拌摩擦焊的焊接成本只有氫弧焊機器人焊接的一半。

4.4　焊接機器人變位機

變位機是機器人系統不可或缺的組成部分，用來翻轉、回轉和移動工件，使被焊工件的焊縫處於最適於機器人焊接的位置，以提高焊縫品質和焊接效率。

變位可在焊接之前完成，也可在焊接過程中配合機器人的動作實時進行。如果需要在焊接過程中實時變位，變位機上需要配有機器人通訊介面，透過一定的通訊協議與機器人進行通訊，由機器人控制器對變位機的運動進行統一的協調控制，變位機的運動軸直接成為機器人的外部擴展運動軸。圖 4-20 為透過變位機與機器人本體配合將弧焊機器人系統的自由度（運動軸）由 6 個擴展為 8 個的典型例子。生產中使用的變位機以聯動變位機居多。

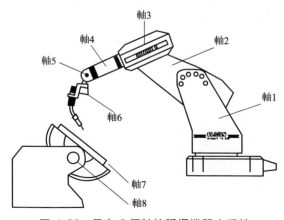

軸3
軸4
軸5
軸2
軸6
軸1
軸7
軸8

圖 4-20　具有 8 個軸的弧焊機器人系統

　　按照是否與機器人聯動，變位機分為聯動變位機和普通變位機兩種。
按照運動軸的數量，變位機分為單軸、雙軸、三軸等幾種。

　　變位機最常見的運動是回轉運動和翻轉運動（傾斜運動）。回轉驅動
應可實現無級調速並反轉，在可調的回轉速度範圍內，在額定最大載荷
下的轉速波動應不超過 1％。翻轉驅動應平穩，在額定最大載荷下不抖
動、不滑動；應設有傾斜角度指示刻度，並設有控制傾斜角度的限位裝
置。傾斜機構應裝有自鎖功能以保證安全。有些變位機還可在一定方向
上移動，比如平移或上升。

4.4.1　單軸變位機

　　典型的單軸變位機為頭架-尾架型變位機，如圖 4-21 所示。這種單軸
變位機主要由驅動頭座、機架、尾架和驅動系統組成。驅動頭座中裝有
伺服驅動電動機、高精度減速機，用來提供轉動動力。尾架上沒有動力，
僅用來夾緊工件。這種變位機可使工件繞水平軸 360°旋轉。其主要參數
有負載能力、旋轉角度、工件直徑、工件長度、旋轉速度、定位精度等。
頭尾架可以分離，如圖 4-21(b) 所示。

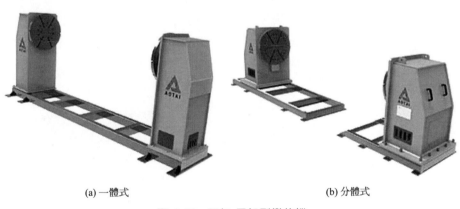

(a) 一體式　　　　　　　　　　　　　　(b) 分體式

圖 4-21　頭架-尾架型變位機

　　另一種典型的單軸變位機為雙立柱單回轉式變位機，由工作檯面
（或夾具）、兩個立柱及安裝在一個立柱上的驅動裝置組成，工作檯面距
地面一定的距離，可以實現大角度的翻轉，焊接時將焊件固定在工作檯
面上，如圖 4-22 所示。工作檯面或夾具還可設計為可沿著立柱升降的。
該種變位機適合大工件的焊接，例如裝載機的後車架、壓路機機架等工
程機械中的長方形結構件。

圖 4-22　雙立柱單回轉式變位機

　　其他單軸變位機還有箱型變位機和 T 型變位機，如圖 4-23 所示。箱型變位機的工作檯面垂直於地面，旋轉軸沿著水平方向並離地面一定距離，如圖 4-23(a) 所示；T 型變位機的工作檯面平行於地面，旋轉軸垂直於地面。工作檯面上刻有安裝基線和安裝槽孔，安裝各種定位工件和夾緊機構，工作檯面具有較高的強度和抗衝擊性能。

(a) 箱型　　　　　　　　　　　　(b) T型

圖 4-23　其他單軸變位機

4.4.2　雙軸變位機

　　常用的雙軸變位機有 A 型、L 型、C 型、U 型及⊂型等幾種，如圖 4-24 所示。盡管形狀不同，但其組成機構基本相同，均由翻轉機構、回轉機構、機座、工作平臺和驅動系統等幾部分構成。翻轉和回轉驅動機構均由伺服馬達及高精度減速機組成，高精度地控制翻轉和回轉動作。工作檯面上刻有安裝基線和安裝槽孔，安裝各種定位工件和夾緊機構，工作檯面具有較高的強度和抗衝擊性能。透過與機器人聯動，可將任意位置的焊縫變位到平焊或船形焊位置進行焊接，因此特別適合焊縫分布在不同平面上的複雜結構件的焊接，如圖 4-25 所示。

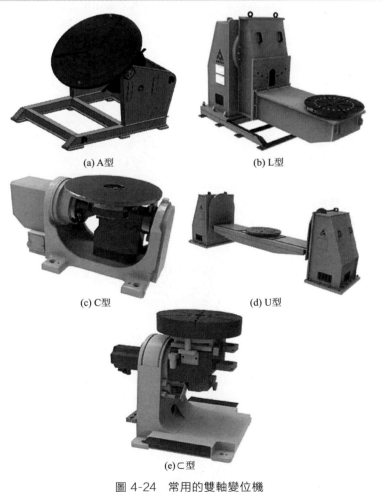

(a) A型　　　　　　　　　　　(b) L型

(c) C型　　　　　　　　　　　(d) U型

(e)⊂型

圖 4-24　常用的雙軸變位機

圖 4-25　透過變位機與機器人聯動將空間位置變位為平焊位置

4.4.3　三軸變位機

典型的三軸變位機為 H 型變位機，主要由機架、回轉支撐柱、翻轉變位框、安裝在翻轉變位框兩側的兩個旋轉頭及各個軸的驅動系統組成，如圖 4-26 所示。驅動系統由伺服電動機及 RV 精密減速機構成。工件可沿著支撐柱中心的豎直軸旋轉，沿著變位框主梁的軸線翻轉，還可由旋轉頭驅動進行旋轉。兩對旋轉頭可夾持兩個工件，形成兩個工位，一個工位焊接時，可在另一個工位上裝夾或拆卸工件。兩個工位之間設有隔離板，保護操作人員安全。

圖 4-26　H 型三軸變位機

4.4.4　焊接工裝夾具

焊接工裝夾具是用於裝配並夾緊工件的焊接工藝裝備，是為提高裝

配精度和效率、保證焊件尺寸精度、防止或減小焊接變形而採用的定位及夾緊裝置。

(1) 焊接工裝夾具的結構組成

不同焊接工件所需的工裝夾具不同，由於工件是千差萬別的，因此工裝夾具的具體結構也各不相同，但其功能性組成結構基本類似，均由定位裝置、壓緊或夾緊裝置、測量裝置和支撐臺面等部分組成。

(2) 支撐臺面

一般情況下，焊接機器人變位機上的工作檯面可用作夾具的支撐臺面，這種臺面上有一些孔和溝槽，用於安裝定位裝置、壓緊或夾緊裝置。

如果變位機上沒有工作檯面，在設計支撐臺面時，要設置足夠的孔或槽，便於安裝和更換測量裝置、定位裝置和夾具。在剛度和強度滿足要求的情況下，應盡可能採用框架結構，這樣可以節約材料、減輕夾具自重。

(3) 定位裝置

定位裝置有定位擋塊、定位銷和定位樣板。應滿足如下要求。

① 定位裝置應具有足夠的剛性和硬度，工作表面應具有足夠的耐磨性，以保證在使用壽命內具有足夠的定位精度。

② 為了提高通用性，定位元件應便於調整和更換，以適於結構或尺寸不同的產品的定位和裝夾。

③ 透過合理的設計，避免定位元件受力，以免影響定位精度。

④ 不影響工件裝配和拆卸的便利性，不影響焊接機器人的可達性。

(4) 夾緊機構

壓緊裝置的安裝應符合以下條件。

① 壓緊裝置應具有足夠的剛性和硬度，工作表面應具有足夠的耐磨性，以便能夠承受各種力的作用。

② 既能夠可靠夾緊或壓緊，不產生滑移，又不產生過大的拘束應力，以免破壞定位精度，影響產品形狀。

③ 便於工件的裝配和拆卸，不影響焊接機器人的可達性。

④ 夾具本身便於更換。

目前常用的夾緊機構有快速夾緊機構、氣動夾緊機構等。快速夾緊機構結構簡單、動作迅速，從自由狀態到夾緊僅需幾秒鐘，符合大量生產需要，典型結構如圖 4-27 所示。快速夾緊器可多個串聯或並聯使用，實現二次夾緊或多點夾緊。對定位精度要求較低的焊件可同時實現夾緊和定位，免除了定位元件。圖 4-28 為氣動壓緊裝置，這種壓緊裝置可實

現自動壓緊，而且可靠性更高。

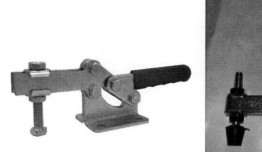

圖 4-27　快速夾緊裝置

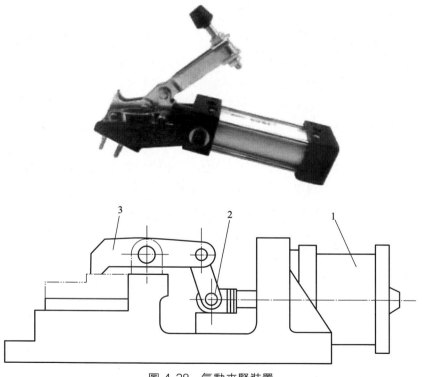

圖 4-28　氣動夾緊裝置

1—氣缸；2—杠桿；3—壓頭

第5章

機器人焊接
工藝

　　機器人常用的焊接工藝有電阻點焊、熔化極氣體保護焊（GMAW）、鎢極氬弧焊（TIG）、激光焊和攪拌摩擦焊。

5.1 電阻點焊工藝

5.1.1 電阻點焊原理及特點

(1) 電阻點焊原理

　　電阻焊是在一定壓力作用下，利用焊接電流流過工件被焊部位所產生的電阻熱加熱工件進行焊接的一種方法。電阻焊有電阻點焊、電阻縫焊、電阻凸焊、電阻對焊和閃光對焊等幾種，如圖 5-1 所示。電阻焊機器人焊接一般使用電阻點焊，點焊機器人廣泛用於汽車、摩托車、農業機械製造等行業。因此，這裡主要介紹電阻點焊工藝。

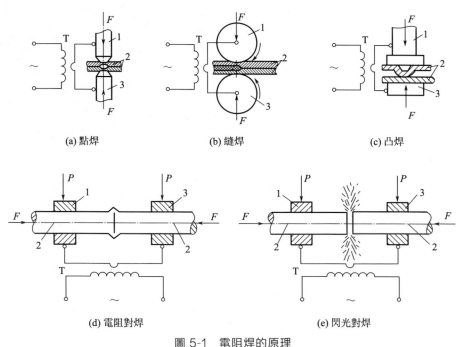

(a) 點焊　　　　　　(b) 縫焊　　　　　　(c) 凸焊

(d) 電阻對焊　　　　　　　　(e) 閃光對焊

圖 5-1　電阻焊的原理

1,3—電極；2—工件；F—電極壓力（頂鍛力）；P—夾緊力；T—電源（變壓器）

　　電阻點焊利用兩個柱狀水冷銅電極導通電流並施加壓力，原理如

圖 5-2 所示。首先在電極上施加一定壓力，使兩電極之間的待焊部位發生
塑性變形並在其周邊形成一塑性環。塑性環在焊接過程中阻止空氣侵入，
並將導電區域局限在其內部。焊接電流透過焊件產生的熱量由下式確定

$$Q = I^2 Rt \tag{5-1}$$

式中　　Q——產生的電阻熱，J；

　　　　I——焊接電流，A；

　　　　R——兩電極之間的電阻，Ω；

　　　　t——通電時間，s。

　　兩電極之間的電阻 R 是由兩焊件本身電阻 R_w、它們之間的接觸電
阻 R_c 和電極與焊件之間的接觸電阻 R_{cw} 組成，如圖 5-2 所示。即

$$R = 2R_w + R_c + 2R_{cw} \tag{5-2}$$

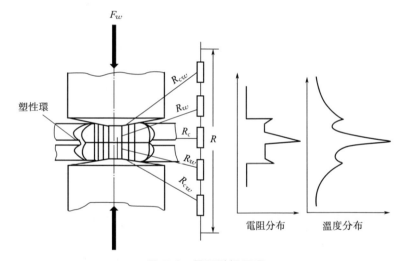

圖 5-2　電阻點焊原理

　　因工件之間的接觸電阻 R_c 很大，電流集中、密度大，因此接觸面上
析出的熱量最大最集中，而且此處遠離電極，散熱條件最差，其溫度迅
速升高，超過被焊金屬熔點 T_m 的部分便形成熔化核心。熔核中熔化金
屬強烈攪拌，使熔核溫度和成分均勻化。一般熔核溫度比金屬熔點 T_m
高 300～500K。由於電極散熱作用，熔核沿工件表面方向成長速度慢於
垂直於表面方向，故呈橢球狀。由於電極的水冷散熱作用，盡管工件與
電極的接觸表面電阻也很大，析熱較多，但其溫度通常不超過 $(0.4\sim$
$0.6)T_m$。由此可看出，電阻熱中僅有少部分用來形成焊縫（焊點），而
大部分散失於電極及周圍金屬中，熱量利用率大概為 20%～30%。

（2）電阻點焊焊接循環

電阻點焊時，完成一個焊點所包含的全部程序稱為焊接循環。點焊的焊接循環由預壓、通電加熱、維持和休止四個基本階段組成，如圖 5-3 所示。

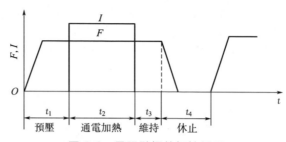

圖 5-3　電阻點焊的焊接循環

I—焊接電流；F—電極壓力；t—時間

1）預壓時間 t_1　從電極開始下降到焊接電流開始接通的時間。這一時間是為了確保在通電之前電極壓緊工件，使工件間有適當的壓力，形成塑性環並建立良好的接觸，將焊接電流流通路徑限制在塑性環內，以保持接觸電阻穩定和導電通路。

2）通電加熱時間 t_2　焊接電流透過焊件並產生熔核的時間。

3）維持時間 t_3　焊接電流切斷後，電極壓力繼續保持的時間，在此時間內，熔核冷卻並凝固。繼續施加壓力是為了防止凝固收縮、縮孔和裂紋等缺陷。

4）休止時間 t_4　從電極開始提起到電極再次下降，準備下一個待焊點壓緊工件的時間。此時間只適用於焊接循環重複進行的場合，是電極退回、轉位、卸下工件或重新放置焊件所需的時間。

（3）電阻點焊特點

電阻點焊具有如下優點：

① 熔化金屬與空氣隔絕，冶金過程簡單。

② 質量高。熱影響區小、變形與應力也小，焊後無須矯形和熱處理。

③ 不需填充金屬，不需保護氣體，焊接成本低。

④ 操作簡單，易於實現機械化和自動化。

⑤ 生產效率高，可以和其他製造工序一起編到組裝線上。

電阻點焊具有如下缺點：

① 缺乏可靠的無損檢測方法。

② 點焊一般採用搭接接頭，這增加了構件的重量，抗拉強度和疲勞

強度均較低。

③ 設備功率大，成本較高、維修較困難。

5.1.2 電阻點焊工藝參數

點焊的焊接參數主要有焊接電流 I_w、焊接時間 t_w、電極壓力 F_w 和電極工作面尺寸 d_e 等。

（1）焊接電流

焊接電流增大，熔核的尺寸或焊透率增大。焊接區的電流密度應有一個合理的上限和下限。低於下限時，熱量過小，不能形成熔核；高於上限時，加熱速度過快，會發生飛濺，焊點質量下降。隨著電極壓力的增大，產生飛濺的焊接電流上限值也增大。在生產中當電極壓力給定時，透過調整焊接電流，使其稍低於飛濺電流值，便可獲得最大的點焊強度。

（2）焊接時間

焊接時間對熔核尺寸的影響與焊接電流的影響基本相似，焊接時間增加，熔核尺寸隨之擴大，但焊接時間過長易引起焊接區過熱、飛濺和搭邊壓潰等缺陷。

圖 5-4 示出了幾種材料點焊要求的焊件厚度與焊接電流、焊接時間的關係。

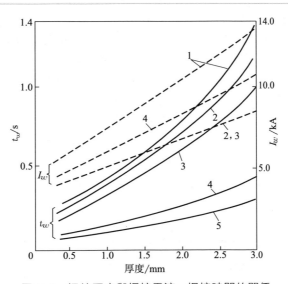

圖 5-4 焊件厚度與焊接電流、焊接時間的關係

1—低、中合金鋼；2—特殊高溫合金；3—高溫合金；4—不銹鋼；5—銅合金

(3) 電極壓力

電極壓力影響電阻熱的大小與分布、電極散熱量、焊接區塑性變形及焊點的緻密程度。當其他參數不變時，增大電極壓力，則接觸電阻減小，電阻熱減小，而散熱加強，因此，熔核尺寸減小，焊透率顯著下降，甚至出現未焊透；若電極壓力過小，則板間接觸不良，其接觸電阻雖大卻不穩定，甚至出現飛濺和燒穿等缺陷。

由於電極壓力對焊接區金屬塑性環的形成、焊接缺陷防止及焊點組織改善有較大的作用，因此，若焊機容量足夠大，可採用大電極壓力、大焊接電流工藝來提高焊接品質的穩定性。

對某些常溫或高溫強度較高、線膨脹係數較大、裂紋傾向較大的金屬材料或剛性大的結構件，為了避免產生焊前飛濺和熔核內部收縮性缺陷，需要採用階梯形或馬鞍形的電極壓力，如圖 5-5(b)、(c) 所示。

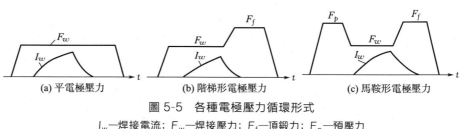

(a) 平電極壓力　　　(b) 階梯形電極壓力　　　(c) 馬鞍形電極壓力

圖 5-5　各種電極壓力循環形式

I_w—焊接電流；F_w—焊接壓力；F_f—頂鍛力；F_p—預壓力

(4) 電極工作面的形狀和尺寸

電極端面和電極本體的結構形狀、尺寸及其冷卻條件影響著熔核幾何尺寸和焊點強度。對於常用的圓錐形電極，其電極頭的圓錐角越大，則散熱越好。但圓錐角過大，其端面不斷受熱磨損後，電極工作面直徑迅速增大；若圓錐角過小，則散熱條件差，電極表面溫度高，更易變形磨損。為了提高點焊質量的穩定性，要求焊接過程電極工作面直徑 d_e 變化盡可能小，因此，圓錐角一般在 $90°\sim140°$ 範圍內選取。對於球面形電極，因頭部體積大，與焊件接觸面擴大，電流密度降低且散熱能力加強，其結果是焊透率會降低，熔核直徑會減小。但焊件表面的壓痕淺，且為圓滑過渡，不會引起大的應力集中；而且焊接區的電流密度與電極壓力分布均勻，熔核質量易保持穩定；此外，上、下電極安裝時對中要求低，偏斜量對熔核質量影響小。顯然，焊接熱導率低的金屬，如不銹鋼焊接，宜使用電極工作面較大的球面或弧面形電極。

(5) 各焊接參數間的相互關係

實際上上述各焊接參數對焊接質量的影響是相互制約的。焊接電流

I_w、焊接時間 t_w、電極壓力 F_w、電極工作面直徑 d_e 都會影響焊接區的發熱量，其中，F_w 和 d_e 直接影響散熱，而 t_w 和 F_w 與熔核塑性區大小有密切關係。增大 I_w 和 t_w，降低 F_w，電阻熱將顯著增大，可以增大熔核尺寸，這時若散熱不良（如 d_e 小）就可能發生飛濺、過熱等現象；反之，則熔核尺寸小，甚至出現未焊透。

要保證一定的熔核尺寸和焊透率，既可採用焊接電流大、焊接時間短的工藝，又可採用焊接電流小、焊接時間長的工藝。

焊接電流大、焊接時間短的工藝稱為硬規範，其特點是加熱速度快、焊接區溫度分布陡、加熱區窄、接頭表面品質好、過熱組織少、接頭的綜合性能好、生產率高。因此，只要焊機功率允許，各焊接參數控制精確，均應採用這種方式。但由於加熱速度快，故要求加大電極壓力和散熱條件與之配合，否則易出現飛濺等缺陷。

焊接電流小而焊接時間長的工藝稱為軟規範，其特點是加熱速度慢、焊接區溫度分布平緩、塑性區寬，在壓力作用下易變形。點焊機功率較小、工件厚度大、變形困難或易焠火等情況下常採用軟規範焊接。

5.2 熔化極氣體保護焊

5.2.1 熔化極氣體保護焊基本原理及特點

（1）基本原理

熔化極氣體保護焊是利用氣體進行保護，利用燃燒在焊絲與工件之間的電弧作熱源的一種焊接方法，其原理如圖 5-6 所示。焊絲既作為電極又作為填充金屬，有實心和藥芯兩類。

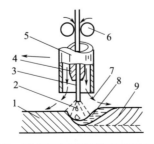

圖 5-6　熔化極氣體保護電弧焊示意圖
1—母材；2—電弧；3—焊絲；4—導電嘴；5—噴嘴；6—送絲輪；7—保護氣體；8—熔池；9—焊縫金屬

（2）分類

按使用的保護氣體和焊絲種類不同，熔化極氣體保護焊分類如下。

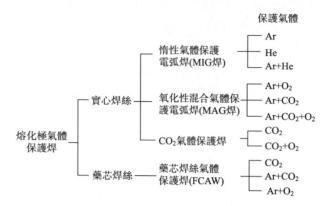

（3）熔化極氣體保護焊的特點

熔化極氣體保護焊具有如下工藝特點。

① 適用範圍廣。熔化極氬弧焊幾乎可焊接所有的金屬。MIG 焊特別適用於鋁及鋁合金、鈦及鈦合金、銅及銅合金等有色金屬以及不銹鋼的焊接。MAG 焊和 CO_2 氣體保護焊適合黑色金屬的焊接，既可焊接薄板，又可焊接中等厚度和大厚度的板材，而且可適用於任何位置的焊接。

② 生產率較高、焊接變形小。由於使用焊絲作電極，允許使用的電流密度較高，因此母材的熔深大，填充金屬熔敷速度快，用於焊接厚度較大的鋁、銅等金屬及其合金時生產率比 TIG 焊高，焊件變形比 TIG 焊小。

③ 焊接過程易於實現自動化。熔化極氬弧焊的電弧是明弧，焊接過程參數穩定，易於檢測及控制，因此容易實現自動化和機器人化。

④ 對氧化膜不敏感。熔化極氬弧焊一般採用直流反接，焊接鋁及鋁合金時具有很強的陰極霧化作用，因此焊前對去除氧化膜的要求很低。CO_2 氣體保護焊對油污和鐵銹也不敏感。

熔化極氬弧焊具有如下缺點。

① MIG 焊焊接鋁及其合金時易產生氣孔。

② 焊縫質量不如 TIG 焊好。

（4）熔化極氣體保護焊的應用

① 適焊的材料　可利用 MIG 焊焊接鋁、銅、鈦及其合金、不銹鋼、耐熱鋼等。MAG 焊和 CO_2 氣體保護焊主要用於焊接碳鋼、低合金高強度鋼。MAG 焊用於焊接較為重要的金屬結構，CO_2 氣體保護焊則廣泛

用於普通的金屬結構。

② 焊接位置　熔化極氣體保護焊適應性較好，可以進行全位置焊接，其中以平焊位置和橫焊位置焊接效率最高，其他焊接位置的效率也比焊條電弧焊高。

③ 可焊厚度　表 5-1 給出了熔化極氣體保護焊適用的厚度範圍。原則上開坡口多層焊的厚度是無限的，它僅受經濟因素限制。

表 5-1　熔化極氣體保護焊適用的厚度範圍

焊件厚度/mm	0.13	0.4	1.6	3.2	4.8	6.4	10	12.7	19	25	51	102	203
單層無坡口細焊絲			←——————→										
單層帶坡口					←——————————→								
多層帶坡口 CO_2 氣體保護焊	←——————————————→						- - - - - - - - - - - - - - - - -						

5.2.2　熔化極氣體保護焊的熔滴過渡

熔化極氣體保護焊熔滴過渡常見形式有短路過渡、大滴過渡、細顆粒過渡、噴射過渡。大滴過渡一般出現在電弧電壓較高、焊接電流較小的條件下，這種過渡非常不穩定，而且易導致熔合不良、未焊透、餘高過大等缺陷，因此在實際焊接中無法使用。

(1) 短路過渡

焊接電流和電弧電壓均較小時，由於弧長較短，熔滴尚未長大到能夠過渡的尺寸就把焊絲和熔池短接起來，短路電流迅速增大，熔滴在不斷增大的電磁收縮力的作用下縮頸，縮頸處局部電阻增大、電流密度大，急劇增大的電阻熱導致爆破，將熔滴過渡到熔池中，如圖 5-7 所示，這種過渡稱為短路過渡。其特點是熔池體積小、凝固速度快，因此適合於薄板焊接及全位置焊接。這是細絲（焊絲直徑一般不大於 1.6mm） CO_2 氣體保護焊經常採用的一種過渡方法，MAG 焊和 MIG 焊較少使用，在焊接薄板時，MIG/MAG 焊通常採用脈衝噴射過渡。

(2) 細顆粒過渡

採用粗絲（焊絲直徑一般不小於 1.6mm）、大電流、高電壓進行 CO_2 氣體保護焊焊接時，熔滴過渡為細顆粒過渡。這種方法的特點是電弧大半潛入或全潛入到工件表面之下（取決於電流大小），熔池較深，熔滴以較小的尺寸、較大的速度沿軸向過渡到熔池中，如圖 5-8 所示。

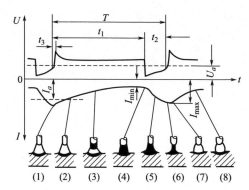

圖 5-7　短路過渡焊接時電流及電壓的變化規律

T—短路過渡週期；t_1—燃弧時間；t_2—短路時間；t_3—空載電壓恢復時間；U_a—電弧電壓；
I_a—平均焊接電流；I_{min}—最小電流；I_{max}—最大電流

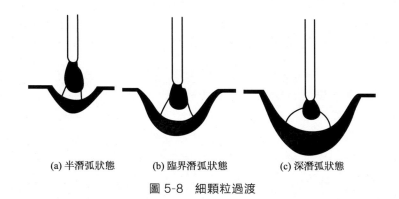

(a) 半潛弧狀態　　　(b) 臨界潛弧狀態　　　(c) 深潛弧狀態

圖 5-8　細顆粒過渡

（3）噴射過渡

噴射過渡是普通 MIG/MAG 焊的常用過渡形式。對於一定焊絲直徑，存在著一個由滴狀過渡向射流過渡轉變的臨界電流 I_{cr}，如圖 5-9 所示。當焊接電流大於 I_{cr} 為射流過渡，熔滴過渡頻率急劇增大、熔滴尺寸急劇減小，電弧變得非常穩定。對於鋁及鋁合金來說，當電流大於臨界電流時，噴射過渡是一滴一滴地進行的，這種過渡稱為射滴過渡。對於鋼來說，當電流大於臨界電流時，噴射過渡是束流狀進行的，這種過渡稱為射流過渡。由於只能在大電流下才能實現噴射過渡，因此普通 MIG/MAG 焊只能用於厚板的平焊或斜角焊。

脈衝射流過渡僅產生在脈衝 MIG/MAG 焊中。只要脈衝電流大於臨界電流時，就可產生噴射過渡，因此，脈衝 MIG/MAG 焊可在高至幾百

安、低至幾十安的範圍內獲得穩定的噴射過渡，既可焊厚板，又可焊薄板。

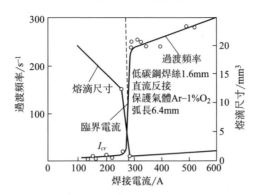

圖 5-9　熔滴的體積和過渡頻率與焊接電流的關係

　　熔化極脈衝氬弧焊有三種過渡形式：一個脈衝過渡一滴（簡稱一脈一滴）、一個脈衝過渡多滴（簡稱一脈多滴）及多個脈衝過渡一滴（多脈一滴）。熔滴過渡方式主要決定於脈衝電流及脈衝持續時間，如圖 5-10 所示。三種過渡方式中，一脈一滴的工藝性能最好，多脈一滴是工藝性能最差的一種過渡形式。目前，幾乎所有機器人使用的脈衝 MIG/MAG 焊電源均可實現一脈一滴，而且只需根據板厚選擇平均電流，電源可自動匹配所有參數。

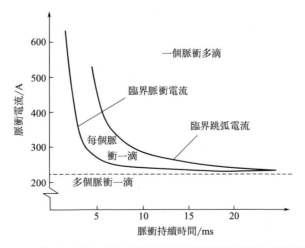

圖 5-10　熔滴過渡方式與脈衝電流及脈衝持續時間之間的關係

5.2.3 熔化極氬弧焊工藝參數

熔化極氬弧焊焊接時需要選擇的工藝參數主要有保護氣體的種類、焊絲直徑、焊接電流、電弧電壓、焊接速度、保護氣體流量以及噴嘴高度等。

(1) 保護氣體

根據母材類型選擇保護氣體，一般採用混合氣體。焊接鋁及鋁合金時，一般選用 Ar 或 Ar＋He；焊接低碳鋼、低合金鋼時，選用 CO_2、$Ar＋O_2$、$Ar＋CO_2$ 或 $Ar＋CO_2＋O_2$；焊接不銹鋼時，採用 $Ar＋O_2$ 或 $Ar＋CO_2$。

(2) 焊絲直徑

焊絲直徑根據工件的厚度、施焊位置來選擇，薄板焊接及空間位置的焊接通常採用細絲（直徑≤1.6mm），平焊位置的中等厚度板及大厚度板焊接通常採用粗絲。表 5-2 給出了直徑為 0.8～2.0mm 的焊絲的適用範圍。在平焊位置焊接大厚度板時，最好採用直徑為 3.2～5.6mm 的焊絲，利用該範圍內的焊絲時焊接電流可用到 500～1000A，這種粗絲大電流焊的優點是熔透能力大、焊道層數少、焊接生產率高、焊接變形小。

表 5-2　焊絲直徑的選擇

焊絲直徑/mm	工件厚度/mm	施焊位置	熔滴過渡形式
0.8	1～3	全位置	短路過渡
1.0	1～6	全位置、單面焊雙面成形	短路過渡
1.2	2～12		
	中等厚度、大厚度	打底	
1.6	6～25	平焊、橫焊或立焊	射流過渡
	中等厚度、大厚度		
2.0	中等厚度、大厚度		

(3) 焊接電流

焊接電流是最重要的焊接工藝參數。實際焊接過程中，應根據工件厚度、焊接方法、焊絲直徑、焊接位置來選擇焊接電流。利用等速送絲式焊機焊接時，焊接電流是透過送絲速度來調節的。一定直徑的焊絲，有一定的允許電流使用範圍，低於該範圍或超出該範圍時電弧均不穩定。表 5-3 給出了各種直徑的低碳鋼 MAG 焊所用的典型焊接電流範圍。

熔化極脈衝氬弧焊的電流參數有：基值電流 I_b、脈衝電流 I_p、脈衝持續時間 t_p、脈衝間歇時間 t_b、脈衝週期 $T = t_p + t_b$、脈衝頻率 $f = 1/T$、脈衝幅比 $F = I_p/I_b$、脈衝寬比 $K = t_p/(t_b + t_p)$。由於脈衝參數很多，調節起來非常不方便，因此以前熔化極脈衝氬弧焊沒有得到普遍使用。隨著焊接設備技術的發展，現在的脈衝氬弧電源大部分均能實現一元化調節方式，只需調節平均電流，各種脈衝焊接參數自動設置為最佳值。這樣，焊接參數調節就與普通熔化極電弧焊沒有區別了。

表 5-3　低碳鋼 MAG 焊的典型焊接電流範圍

焊絲直徑/mm	焊接電流/A	熔滴過渡方式	焊絲直徑/mm	焊接電流/A	熔滴過渡方式
1.0	40～150	短路過渡	1.6	270～500	射流過渡
1.2	80～180		1.2	80～220	脈衝射流過渡
1.2	220～350	射流過渡	1.6	100～270	

(4) 電弧電壓

電弧電壓主要影響熔寬，對熔深的影響很小。電弧電壓應根據電流的大小、保護氣體的成分、被焊材料的種類、熔滴過渡方式等進行選擇。表 5-4 列出了不同保護氣體下的電弧電壓。

表 5-4　利用不同保護氣體焊接時的電弧電壓　　　　V

金屬	噴射或細顆粒過渡					短路過渡			
	Ar	He	Ar+75%He	Ar+(1%～5%)O_2 或 Ar+20%CO_2	CO_2	Ar	Ar+(1%～5%)O_2	Ar+25%O_2	CO_2
鋁	25	30	29	—	—	19	—	—	—
鎂	26	—	28	—	—	16	—	—	—
碳鋼	—	—	—	28	30	17	18	19	20
低合金鋼	—	—	—	28	30	17	18	19	20
不銹鋼	24	—	—	26	—	18	19	21	—
鎳	26	30	28	—	—	22	—	—	—
鎳-銅合金	26	30	28	—	—	22	—	—	—
鎳-鉻-鐵合金	26	30	28	—	—	22	—	—	—
銅	30	36	33	—	—	24	22	—	—
銅-鎳合金	28	32	30	—	—	23	—	—	—
硅青銅	28	32	30	28	—	23	—	—	—
鋁青銅	28	32	30	—	—	23	—	—	—
磷青銅	28	32	30	23	—	23	—	—	—

注：焊絲直徑為 1.6mm。

（5）氣體流量

保護氣體的流量一般根據電流的大小、噴嘴孔徑及接頭形式來選擇。對於一定直徑的噴嘴，有一最佳的流量範圍，流量過大，易產生紊流；流量過小，氣流的挺度差，保護效果均不好。常用噴嘴孔徑為 20mm，保護氣體流量為 $10\sim20L/min$。氣體流量最佳範圍通常需要利用實驗來確定。

（6）噴嘴至工件的距離

噴嘴高度應根據電流的大小選擇，如表 5-5 所示。該距離過大時，保護效果變差，而且干伸長度增大，焊接電流減小，易導致未焊透、未熔合等缺陷；過小時，飛濺顆粒易堵塞噴嘴。

表 5-5　噴嘴高度推薦值

電流大小/A	<200	200~250	350~500
噴嘴高度/mm	10~15	15~20	20~25

5.2.4　高效熔化極氣體保護焊工藝

熔化極氣體保護焊的焊接已占總焊接工作量的 $1/3\sim2/3$，其效率和品質對工業生產具有重要的影響。高效、高質和低成本歷來是這種方法追求的目標，近來熔化極氣體保護焊在高效化和減少飛濺方面取得了較大發展。下面簡要介紹這方面的一些新工藝。

（1）冷金屬過渡（CMT）焊

1）CMT 焊的基本原理　CMT（cold metal transfer）焊是一種無飛濺的短路過渡熔化極氣體保護焊。它是一種基於先進數字電源和送絲機的「冷態」焊接新技術。透過監控電弧狀態，協同控制焊接電流波形及焊絲抽送，在很低的熱輸入下實現穩定的短路過渡，完全避免了飛濺。

圖 5-11 示出了 CMT 焊接過程中焊接電流波形與焊絲運動速度波形。熔滴與熔池一旦短路，焊接回路中的電流被立即切換為一接近零的小電流，使短路小橋迅速冷態；同時焊絲由送進變為回抽。經過一定時間的回抽，短路小橋被拉斷，熔滴在冷態下過渡到熔池中並重新引燃電弧。電弧一旦引燃，焊接電流迅速增大到脈衝電流，焊絲迅速由回抽變為送進。熔滴長大到一定尺寸後，焊接電流變為基值電流。隨著熔滴長大和焊絲的送進，熔滴又與熔池短路，進行下一個週期。焊接過程中利用焊絲送進-回抽頻率可靠地控制短路過渡頻率。焊絲的送進-回抽頻率高達到

80 次/s。熔滴過渡時電壓和電流幾乎為零，利用焊絲回抽時的機械拉力實現熔滴過渡，完全避免了飛濺。整個焊接過程就是高頻率的「熱-冷-熱」轉換的過程，大幅降低了熱輸入量。

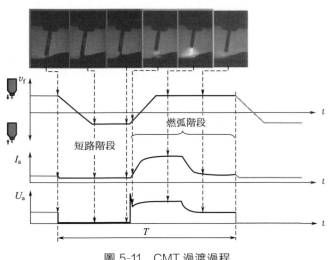

圖 5-11　CMT 過渡過程

2）CMT 焊的特點及應用

冷金屬過渡焊具有如下優點：

① 電弧噪聲小，熔滴尺寸和過渡週期的大小都很均勻，真正實現了無飛濺的短路過渡焊接和釬焊。

② 精確的弧長控制，透過機械式監控和調整來調節電弧長度，電弧長度不受工件表面不平度和焊接速度的影響，這使 CMT 電弧更穩定，即使在很高的焊接速度下也不會出現斷弧。

③ 引弧的速度是傳統熔化極電弧焊引弧速度的兩倍（CMT 焊為 30ms，MIG 焊為 60ms），在非常短的時間內即可熔化母材。

④ 焊縫表面成形均勻、熔深均勻，焊縫品質高、可重複性強。結合 CMT 技術和脈衝電弧可控制熱輸入量並改善焊縫成形，如圖 5-12 所示。

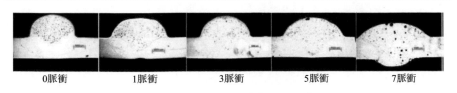

圖 5-12　脈衝對焊縫成形的影響

⑤ 低的熱輸入量，小的焊接變形，圖 5-13 比較了不同熔滴過渡形式的熔化極電弧焊焊接參數使用範圍，可看到，CMT 焊用最小的焊接電流和電弧電壓進行焊接。

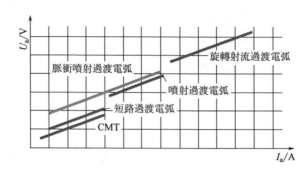

圖 5-13　CMT 與普通熔化極電弧焊的焊接參數使用範圍比較

⑥ 更高的間隙搭橋能力，圖 5-14 比較了 CMT 焊和 MIG 焊的間隙搭橋能力。

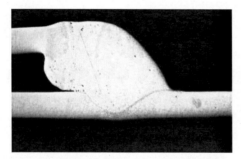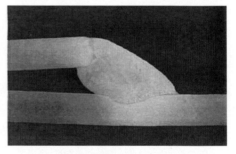

(a) CMT焊，板厚1.0mm，間隙1.3mm　　　　(b) MIG焊，板厚1.2mm，間隙1.2mm

圖 5-14　CMT 焊和 MIG 焊的間隙搭橋能力比較

CMT 焊的應用主要有以下幾種。

① CMT 焊適用的材料有：

a. 鋁、鋼和不銹鋼薄板或超薄板的焊接（0.3～3mm），無須擔心塌陷和燒穿。

b. 可用於電鍍鋅板或熱鍍鋅板的無飛濺 CMT 釺焊。

c. 用於鍍鋅鋼板與鋁板之間的異種金屬連接，接頭和外觀合格率達到 100％。

② CMT 焊適用的接頭形式有搭接、對接、角接和卷邊對接。

③ CMT 焊可用於平焊、橫焊、仰焊、立焊等各種焊接位置。

3）CMT 焊接機器人系統　CMT 焊通常採用機器人操作方式。CMT 焊接機器人系統由數位化焊接電源、專用 CMT 送絲機、帶拉絲機構的 CMT 焊槍、機器人、機器人控制器、機器人介面、冷卻水箱、遙控器、專用連接電纜以及焊絲緩衝器等組成，如圖 5-15 所示。

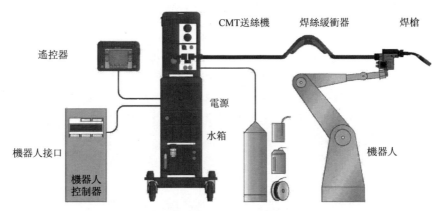

圖 5-15　CMT 焊接機器人系統的組成

（2）表面張力過渡（STT）焊接

1）STT 焊的基本原理　STT 焊是一種利用電流波形控制法抑制飛濺的短路過渡熔化極氣體保護焊方法。短路過渡過程中的飛濺主要產生在兩個時刻，一個是短路初期，另一個是短路末期的電爆破時刻。熔滴與熔池開始接觸時，接觸面積很小，熔滴表面的電流方向與熔池表面的電流方向相反，因此，兩者之間產生相互排斥的電磁力。如果短路電流增長速度過快，急劇增大的電磁排斥力會將熔滴排出熔池之外，形成飛濺。短路末期，液態金屬小橋的縮頸部位發生爆破，爆破力會導致飛濺。飛濺大小與爆破能量有關，爆破能量越大，飛濺越大。由此可看出，透過將這兩個時刻的電流減小，可有效抑制飛濺，這就是 STT 焊飛濺控制機理。

STT 焊的飛濺抑制原理如圖 5-16 所示。在熔滴剛與熔池短路時，降低焊接電流，使熔滴與熔池可靠短路。可靠短路後，增大焊接電流，促進頸縮形成；而在短路過程後期臨界縮頸形成時，再一次降低電流，使液橋在低的爆炸能量下完成，這樣就可獲得無飛濺的短路過渡過程。

STT 焊短路過渡過程分為以下幾個階段。

① T_0—T_1 為燃弧階段。在該階段，焊絲在電弧熱量作用下熔化，形成熔滴。控制該階段電流大小，防止熔滴直徑過大。

② T_1—T_2 為液橋形成段。熔滴剛剛接觸熔池後，迅速將電流切換為一個接近零的數值，熔滴在重力和表面張力的作用下流散到熔池中，形成穩定的短路，形成液態小橋。

③ T_2—T_3 為頸縮段。小橋形成後，焊接電流按照一定速度增大，使小橋迅速縮頸，當達到一定縮頸狀態後進入下一段。

④ T_3—T_4 為液橋斷裂段。當控制裝置檢測到小橋達到臨界縮頸狀態時，電流在數微秒時間內降到較低值，防止小橋爆破，然後在重力和表面張力作用下，小橋被機械拉斷，基本上不產生飛濺。

⑤ T_4—T_7 為電弧重燃弧段和穩定燃燒段。電弧重燃，電流線上升到一個較大值，等離子流力一方面推動脫離焊絲的熔滴進入熔池，並壓迫熔池下陷，以獲得必要的弧長和燃弧時間，保證熔滴尺寸，另一方面保證必要的熔深和熔合。然後電流下降為穩定值。圖 5-16 中看出，在 T_1—T_2 和 T_4—T_5 兩個時間段均將電流切換成很小的數值，不會產生熔滴爆炸過程，在 T_3—T_5 階段縮頸依靠表面張力拉斷，焊接過程基本上無飛濺。

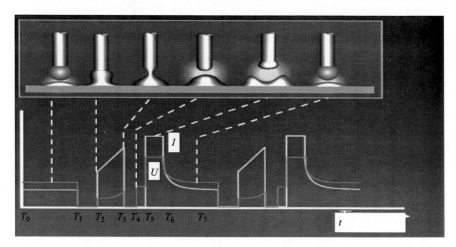

圖 5-16　STT 法熔滴過渡的形態和電流、電壓的波形圖

2）STT 焊接的特點及應用

STT 焊的優點有以下幾個。

① 飛濺率顯著下降，最低可控制在 0.2％左右，焊後無須清理工件和噴嘴，節省了時間，提高了效率。

② 焊縫成形美觀，焊縫品質好，能夠保證焊縫根部可靠的熔合，因此特別適合於薄板的各種位置的焊接以及厚板或厚壁管道的打底焊。在管道焊接中可替代 TIG 焊進行打底焊，具有更高的焊接速度。

③ 在同樣的熔深下，熱輸入比普通 CO_2 焊低 20％，因此焊接變形小，熱影響區小。

④ 具有良好的搭橋能力。低熱輸入下，如焊接 3mm 後的板材，允許的間隙可達 12mm。

STT 焊的缺點有以下兩個。

① 只能焊薄板，不能焊接厚板。

② 獲得穩定焊接過程和質量的焊接參數範圍較窄。例如，1.2mm 的焊絲，焊接電流的適用範圍僅為 $100\sim180A$。

從可焊接的材料來看，STT 焊的適用範圍廣，不僅可用 CO_2 保護氣體焊接非合金鋼，還可利用純 Ar 焊接不銹鋼，也可焊接高合金鋼、鑄鋼、耐熱鋼、鍍鋅鋼等。廣泛用於薄板的焊接以及油氣管線的打底焊。

(3) T. I. M. E. 焊（四元混合氣體熔化極保護焊）

1）基本原理　T. I. M. E. （tranferred ionized molten energy）焊利用大干伸長度、高送絲速度和特殊的四元混合氣體進行焊接，可獲得極高的熔敷速度和焊接速度。T. I. M. E. 工藝對焊接設備有很高的要求，需要使用高性能逆變電源、高性能送絲機及雙路冷卻焊槍。

T. I. M. E. 高速焊使用的氣體為 $0.5％O_2 + 8％CO_2 + 26.5％He + 65％Ar$，也可採用如下幾種氣體。

① Corgon He 30：$30％He + 10％CO_2 + 60％Ar$。

② Mison 8：$8％CO_2 + 92％Ar + 300ppm NO$。

③ T. I. M. E. II：$2％O_2 + 25％CO_2 + 26.5％He + 46.5％Ar$。

2）T. I. M. E. 高速焊設備　T. I. M. E. 高速焊機由逆變電源、送絲機、中繼送絲機、專用焊槍、帶制冷壓縮機的冷卻水箱和氣體混合裝置等組成。由於焊接電流和干伸長均較大，T. I. M. E. 焊工藝對焊槍噴嘴和導電嘴的冷卻均有嚴格要求，需要採用雙路冷卻系統進行冷卻，如圖 5-17 所示。混氣裝置可以準確混合 T. I. M. E. 焊工藝所需的多元混合氣，每分鐘可以提供 200L 的備用氣體，可供應至少 15 臺焊機使用。若某種氣體用盡，混氣裝置便會終止使用，同時指示燈閃。與傳統氣瓶比可省氣 70％。

圖 5-17　T. I. M. E. 高速焊專業焊槍的水冷系統示意圖

3）T. I. M. E. 焊的特點及應用

T. I. M. E. 焊的優點如下。

① 熔敷速度大。同樣的焊絲直徑，T. I. M. E. 高速焊可採用更大的電流，以穩定的旋轉射流過渡進行焊接，因此送絲速度高，熔敷速度大。平焊時熔敷速度可達 10kg/h，非平焊位置也可達 5kg/h。

② 熔透能力大，焊接速度快。

③ 適應性強。T. I. M. E. 焊的焊接工藝範圍很寬，可以採用短路過渡、射流過渡、旋轉射流過渡等過渡形式，適合於各種厚度的工件和各種焊接位置。

④ 穩定的旋轉射流過渡有利於保證側壁熔合，He 的加入提高熔池金屬的流動性和潤濕性，焊縫成形美觀。T. I. M. E. 焊保護氣體降低了焊縫金屬的 H、S 和 P 含量，提高了焊縫機械性能，特別是低溫韌性。

⑤ 生產成本低。由於熔透能力大，可使用較小的坡口尺寸，節省了焊絲用量。而高的熔敷速度和焊接速度又節省了勞動工時，因此生產成本顯著降低。與普通 MIG/MAG 焊相比，成本可降低 25％。

T. I. M. E. 高速焊適用於碳鋼、低合金鋼、細晶粒高強鋼、低溫鋼、高溫耐熱鋼、高屈服強度鋼及特種鋼的焊接。應用領域有船舶、鋼結構、汽車、壓力容器、鍋爐製造業及軍工企業。

（4）Time Twin GMAW 焊（相位控制的雙絲脈衝 GMAW 焊）

1）基本原理　雙絲 MIG/MAG 焊是採用兩根焊絲、兩個電弧進行焊接的一種 GMAW 方法。兩根焊絲按一定的角度放在一個專門設計的焊槍裡（如圖 5-18 所示），兩根焊絲各由一臺獨立的電源供電，形成兩個可獨立調節所有參數的電弧，兩個電弧形成一個熔池，如圖 5-19 所示。透過適當的匹配，可有效地控制電弧和熔池，得到良好的焊縫成形質量，並可顯著提高熔敷速度和焊接速度。

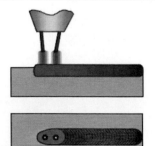

圖 5-18　典型雙絲焊焊槍　　　　圖 5-19　雙絲焊示意圖

焊接時，兩個電弧可同時引燃，也可先後引燃，其焊接效果是相同的。與單絲焊相比，影響熔透能力的參數除了焊接電流、電弧電壓、焊接速度、保護氣體、焊槍傾角、干伸長度和焊絲直徑以外，還有焊絲之間的夾角及距離。

Time Twin GMAW 焊使用兩臺完全獨立的數位化電源和一把雙絲焊槍。雙絲焊槍採用緊湊型導電嘴結構和特殊設計的焊絲輸送結構，確保兩路焊絲分別以精確角度進入連接為一體但相互絕緣的兩隻導電嘴中，使電流精度。透過同步器 SYNC 進行協調控制，協調脈衝相位，使焊接過程更加穩定。較大電流下通常採用 180°相位差，當一個電弧作用在脈衝狀態下時，另一電弧正處於基值狀態，兩個電弧之間的作用力較小，減少了雙弧間的干涉現象，如圖 5-20 所示。而採用較小電流焊接時，兩個電弧應具有相同的相位，防止基值電弧在峰值電弧吸引下因拉長而熄滅。

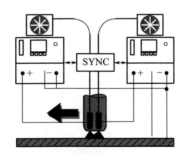

圖 5-20　相位控制的雙絲脈衝 GMAW 焊電源配置圖

2）Time Twin GMAW 焊的特點及應用

雙絲焊由於具有兩個可獨立調節的電弧，而且兩個電弧之間的距離可調，因此其工藝可控性強，其優點如下。

① 顯著提高了焊接速度和熔敷速度。兩個電弧的總焊接電流最大可達 900A，焊薄板可顯著提高焊接速度，焊厚板時熔敷速度高，可達 30kg/h。焊接速度比傳統單絲 GMAW 焊可提高 1～4 倍。

② 焊接一定板厚的工件時，所需的熱輸入低於單絲 GMAW 焊，焊接熱影響區小，殘餘變形量小。

③ 電弧極其穩定，熔滴過渡平穩，飛濺率低。

④ 焊槍噴嘴孔徑大，保護氣體覆蓋面積大，保護效果好，焊縫的氣孔率低。

⑤ 適應性強。多層焊時可任意定義主絲和輔絲，焊槍可在任意方向上焊接。

⑥ 能量分配易於調節。透過調節兩個電弧的能量參數，可使能量合理地分配，適合於不同板厚和異種材料的焊接。

雙絲 GMAW 焊可焊接碳鋼、低合金高強鋼、Cr-Ni 合金以及鋁及鋁合金。在汽車及汽車零部件、船舶、鍋爐及壓力容器、鋼結構、鐵路機車車輛製造領域具有顯著的經濟效益。

(5) 等離子-熔化極惰性氣體（Plasma-MIG）複合焊

1）Plasma-MIG 複合焊基本原理　這種焊接方法使用兩臺電源，一臺為等離子弧電源，一臺為 MIG 焊電源，利用一特製的 PA-MIG 焊槍進行焊接，如圖 5-21 所示。焊槍上有三個氣體通路：中心氣體、等離子氣和保護氣，均使用 Ar。焊接過程中同時存在兩個電弧，即鎢極與工件之間的等離子弧以及焊絲與工件之間的 MIG 電弧，如圖 5-22 所示。焊絲、MIG 電弧以及熔池均被等離子體包圍。這種焊接工藝一般採用機器人進行焊接。

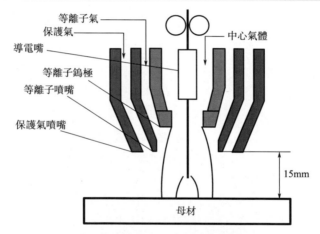

圖 5-21　Plasma-MIG 複合焊焊槍

圖 5-22　Plasma-MIG 複合焊電弧

2）Plasma-MIG 複合焊的特點

Plasma-MIG 複合焊的優點如下：

① MIG 電弧燃燒穩定，保護效果好，因而氣孔傾向比 MIG 焊小。

② 等離子弧穩定了焊絲端部及端部的熔滴，改善了熔滴過渡，克服了飄忽現象。

③ 焊絲的干伸長較常規 MIG 焊大，而且壓縮的等離子弧對焊絲和工件有加熱作用，因此熔敷速度大，焊接效率高。圖 5-23 比較了 MIG 焊和 Plasma-MIG 複合焊的熔敷速度。

④ 透過適當選擇等離子鎢極的直徑，提高熔池的溫度，改善熔池金屬的潤濕性，在焊接高強度鋼時，即使採用純 Ar 也可得到良好的焊縫成形，降低了焊縫含氧量，提高焊縫性能。

Plasma-MIG 複合焊的缺點是：

① 焊槍複雜，焊接工藝參數繁多，而且各個參數之間的匹配要求高。

② 不適合半自動焊，只能採用自動焊或機器人焊接。

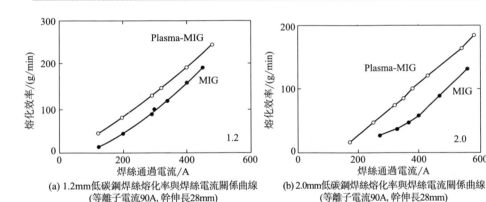

(a) 1.2mm低碳鋼焊絲熔化率與焊絲電流關係曲線
(等離子電流90A,幹伸長28mm)

(b) 2.0mm低碳鋼焊絲熔化率與焊絲電流關係曲線
(等離子電流90A,幹伸長28mm)

圖 5-23　MIG 焊和 Plasma-MIG 複合焊的熔敷速度比較

5.3 鎢極惰性氣體保護焊（TIG 焊）工藝

5.3.1 鎢極惰性氣體保護焊的原理、特點及應用

（1）基本原理

在惰性氣體的保護下，利用鎢電極與工件之間產生的電弧熱熔化母

材和填充焊絲的焊接方法稱鎢極惰性氣體保護焊，簡稱 TIG 焊（Tungsten Inert Gas Welding）。TIG 焊的原理如圖 5-24 所示。

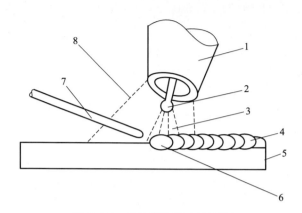

圖 5-24　TIG 焊的基本原理圖

1—噴嘴；2—鎢極；3—電弧；4—焊縫；5—工件；
6—熔池；7—焊絲；8—保護氣流

使用的惰性氣體是 Ar、He 或 He、Ar 混合氣體，在某些場合下可採用 Ar 加少量 H_2。不同氣體的保護作用相同，但在電弧特性方面有區別，因 He 價格比 Ar 貴很多，故在工業上主要用氬弧焊。

TIG 焊可採用直流和交流兩種形式，而交流 TIG 焊又有正弦波交流和矩形（方形）波交流兩種。交流 TIG 焊用於焊接鋁和鋁合金、鎂和鎂合金等活潑金屬；而直流 TIG 焊用於鋁和鎂以外的其他金屬的焊接，通常採用直流正接。

薄板焊接通常採用脈衝 TIG 焊進行焊接。脈衝 TIG 焊按脈衝頻率的大小又分為低頻（0.1～10Hz）脈衝 TIG 焊、中頻（10～1000Hz）脈衝 TIG 焊和高頻（20～40kHz）脈衝 TIG 焊三種。

（2）TIG 焊的特點

1）優點

① 可焊接幾乎所有的金屬，特別適於焊接化學活性強和形成高熔點氧化物的鋁、鎂及其合金。

② 焊接過程中鎢棒不熔化，弧長變化干擾因素相對較少，而且電弧電場強度低、穩定性好，因此焊接過程非常穩定。

③ 焊縫成形美觀，焊縫品質好。

④ 即使是用幾安的小電流，鎢極氬弧仍能穩定燃燒，而且熱量相對較集中，因此可焊接 0.3mm 的薄板；採用脈衝鎢極氬弧焊電源，還可進行全位置焊接、熱敏感材料焊接及不加襯墊的單面焊雙面成形焊接。

⑤ 鎢極氬弧焊的電弧是明弧，焊接過程參數穩定，易於檢測及控制，是理想的自動化乃至機器人化的焊接方法。

2）缺點

① 鎢極載流能力有限，加之電弧熱效率係數低，因此熔深淺，熔敷速度低，焊接生產率較低。

② 鎢極氬弧焊利用氣體進行保護，抗側向風的能力較差。在有側向風的情況下焊接時，需採取防風措施。

③ 對工件清理要求較高。由於採用惰性氣體進行保護，無冶金脫氧或去氫作用，為了避免氣孔、裂紋等缺陷，焊前必須嚴格去除工件上的油污、鐵銹等。

（3）應用範圍

1）適焊的材料　鎢極氬弧焊幾乎可焊接所有的金屬和合金，但因其成本較高，生產中主要用於焊接不銹鋼和耐熱鋼以及有色金屬（鋁、鎂、鈦、銅等）及其合金。

2）適焊的焊接接頭和位置　TIG 焊主要用於對接、搭接、T 形接、角接等接頭的焊接，薄板對接時（≤2mm）可採用卷邊對接接頭。適用於所有焊接位置，只要結構上具有可達性均能焊接。

3）適焊的板厚與產品結構　表 5-6 給出了 TIG 焊適用的焊件厚度一般範圍，若從生產率考慮，3mm 以下的薄板焊接最適宜。

表 5-6　TIG 焊焊件厚度的適用範圍

厚度/mm	0.13	0.4	1.6	3.2	4.8	6.4	10	12.7	19	25	51	102
不開坡口單道焊	⟵			⟶								
開坡口單道焊			⟵		⟶							
開坡口多層焊					⟵							⟶

薄壁產品如箱盒、箱格、隔膜、殼體、蒙皮、噴氣發動機葉片、散熱片、鰭片、管接頭、電子器件的封裝等均可採用 TIG 焊生產。

重要厚壁構件（如壓力容器、管道、汽輪機轉子等）對接焊縫的根部熔透焊道或其他結構窄間隙焊縫的打底焊道，為了保證焊接品質，有時採用 TIG 焊。

5.3.2 鎢極惰性氣體保護焊焊接工藝參數

(1) 電流類型與極性選擇

鋁、鎂及其合金通常採用交流進行焊接，而其他金屬優先選用直流正接（DCSP）進行焊接。薄板焊接盡量採用脈衝電流進行焊接，鋁、鎂及其合金通常採用方波交流脈衝，而其他金屬薄板利用直流脈衝。

(2) 鎢極的直徑及端部形狀

鎢極直徑的選擇原則是：在保證鎢極許用電流大於所用焊接電流的前提下，盡量選用直徑較小的鎢極。鎢極的許用電流決定於鎢極直徑、電流的種類及極性。鎢極直徑越大，其許用電流越大。直流正接時鎢極許用電流最大，直流反接時鎢極許用電流最小，交流時鎢極許用電流居於直流正接與反接之間。交流焊時，電流的波形對鎢極許用電流也具有重要的影響。脈衝鎢極氬弧焊時，由於在基值電流作用時鎢極得到冷卻，所以直徑相同的鎢極的許用電流值明顯提高。

鎢極末端形狀對電弧穩定性有重要影響。在焊接薄板和小焊接電流時，可用小直徑鎢極，末端磨得尖些，這樣電弧容易引燃且穩定；但當電流較大時，鎢極末端應為圓錐形或帶有平頂或圓頭的錐形，如圖 5-25 所示。表 5-7 是推薦的鎢極末端形狀和使用的電流範圍。

當採用交流 TIG 焊時，一般將鎢極末端磨成半圓球狀，隨著電流增加，球徑也隨之增大，最大時等於鎢極半徑（即不帶錐角）。

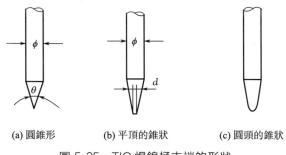

(a) 圓錐形　　　(b) 平頂的錐狀　　　(c) 圓頭的錐狀

圖 5-25　TIG 焊鎢極末端的形狀

表 5-7　鎢極末端的形狀與使用的電流範圍

電極直徑 ϕ /mm	尖端直徑 d /mm	錐角 θ /(°)	直流正接	
			恆定電流範圍/A	脈衝電流範圍/A
1	0.125	12	2～15	2～25
	0.25	20	5～30	5～60
1.6	0.5	25	8～50	8～100
	0.8	30	10～70	10～140
2.4	0.8	35	12～90	12～180
	1.1	45	15～150	15～250
3.2	1.1	60	20～200	20～300
	1.5	90	25～250	25～300

(3) 焊接電流

焊接電流是決定焊縫熔深的最主要參數，一般是根據焊件材料、厚度、接頭形式、焊接位置等因素來選定。

對於脈衝鎢極氬弧焊，焊接電流衍變為基值電流 I_b、脈衝電流 I_p、脈衝持續時間 t_p、脈衝間歇時間 t_b、脈衝週期 $T = t_p + t_b$、脈衝頻率 $f = 1/T$、脈衝幅比 $F = I_p/I_b$、脈衝寬比 $K = t_p/(t_b + t_p)$ 等參數，其中四個參數是獨立的。這些參數的選擇原則如下。

① 脈衝電流 I_p 及脈衝持續時間 t_p　脈衝電流與脈衝持續時間之積 $I_p t_p$ 被稱為通電量，通電量決定了焊縫的形狀尺寸，特別是熔深，因此，應首先根據被焊材料及板厚選擇合適的脈衝電流及脈衝電流持續時間。不同材料及板厚的工件可根據圖 5-26 選擇脈衝電流及脈衝電流持續時間。

焊接厚度小於 0.25mm 的板時，應適當降低脈衝電流值並相應地延長脈衝持續時間。焊接厚度大於 4mm 的板時，應適當增大脈衝電流值並相應地縮短脈衝持續時間。

② 基值電流 I_b　基值電流的主要作用是維持電弧的穩定燃燒，因此在保證電弧穩定的條件下，盡量選擇較低的基值電流，以突出脈衝鎢極氬弧焊的特點。但在焊接冷裂傾向較大的材料時，應將基值電流選得稍高一些，以防止火口裂紋。基值電流一般為脈衝電流的 10%～20%。

③ 脈衝間歇時間 t_b　脈衝間歇時間對焊縫的形狀尺寸影響較小。但過長時會顯著降低熱輸入，形成不連續焊道。

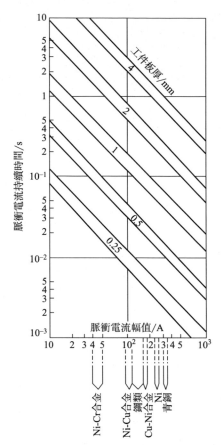

圖 5-26　不同板厚及材料 TIG 的脈衝電流及脈衝電流持續時間

（4）保護氣體流量

在一定條件下氣體流量與噴嘴直徑有一個最佳配合範圍，此時的保護效果最好，有效保護區最大。TIG 焊的噴嘴內徑範圍為 5～20mm，流量範圍為 5～25L/min，一般以排走焊接部位的空氣為準。若氣體流量過低，則氣流挺度不足，排除空氣能力弱，影響保護效果；若流量太大，則易形成紊流，使空氣卷入，也降低保護效果。當氣體流量一定時，噴嘴過大，氣流速度過低，挺度小，保護不好，而且影響焊工視野。

（5）鎢極伸出長度

鎢極伸出長度通常是指露在噴嘴外面的鎢極長度。伸出長度過大時，鎢極易過熱，且保護效果差；而伸出長度太小時，噴嘴易過熱。因此鎢

極伸出長度必須保持一適當的值。對接焊時，鎢極的伸出長度一般保持在 5～6mm；焊接 T 形焊縫時，鎢極的伸出長度最好為 7～8mm。

(6) 噴嘴離工件的距離

噴嘴離工件的距離要與鎢極伸出長度相匹配，一般應控制在 8～14mm 之間。距離過小時，易導致鎢極與熔池的接觸，使焊縫夾鎢並降低鎢極壽命；距離過大時，保護效果差，電弧不穩定。

5.3.3　高效 TIG 焊

(1) 熱絲 TIG 焊

TIG 焊受鎢極載流能力的限制，電弧功率小，因此熔透能力小、焊接速度低。為了克服這一缺陷，提出了許多新技術，如活性 TIG 焊、旋轉電弧 TIG 焊和熱絲 TIG 焊等，其中熱絲 TIG 焊是應用最多的一種新技術。

1) 熱絲 TIG 焊的原理　熱絲 TIG 焊的原理如圖 5-27 所示。利用一專用電源對填充焊絲進行加熱，該電源稱為焊絲加熱電源。送入熔池中的焊絲載有低壓電流，該電流對焊絲進行有效預熱，因此進入熔池的焊絲具有很高的溫度，接觸熔池後迅速熔化，提高了熔敷速度。另外，高溫焊絲降低了對電弧熱的消耗，提高了焊接速度。因為熱絲必須始終與熔池接觸並保持一定的角度，以導通預熱電流，因此這種焊接方法只能採用自動操作方式。

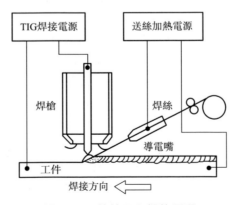

圖 5-27　熱絲 TIG 焊的原理

焊絲中的加熱電流產生的磁場容易導致磁偏吹，為了避免這種偏吹，應採取如下幾個措施。

① 焊絲與鎢極之間的夾角要控制在 40°～60°。

② 熱絲電流和焊接電流都採用脈衝電流，並將兩者的相位差控制在 180°，焊接電流為峰值電流時，熱絲電流為零，不產生磁偏吹，電弧熱量用來加熱工件，形成熔池；焊接電流為基值電流時，熱絲電流為峰值電流，電弧在焊絲磁場的吸引下偏向焊絲。盡管此時產生磁偏吹，但基值電弧主要起維弧作用，對熔深和熔池行為影響很小。

2）熱絲 TIG 焊的特點　與傳統 TIG 焊相比，熱絲 TIG 焊具有如下優點。

① 熔敷速度大。在相同電流條件下，熔敷速度最多可提高 60％，如圖 5-28 所示。

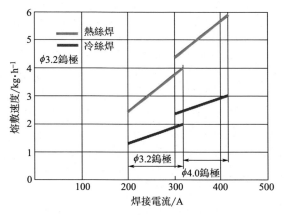

圖 5-28　熱絲 TIG 焊和冷絲 TIG 焊的熔敷速度比較

② 焊接速度大。在相同電流條件下，焊接速度最多可提高 100％以上。

③ 熔敷金屬的稀釋率低。最多可降低 60％。

④ 焊接變形小。由於用熱絲電流預熱焊絲，在同樣熔深下所需的焊接電流小，有利於降低熱輸入，減小焊接變形。

⑤ 氣孔敏感性小。熱絲電流的加熱使焊絲在填入熔池之前就達到很高的溫度，有機物等污染物提前揮發，使焊接區域中氫氣含量降低。

⑥ 合金元素燒損少。在同樣熔深下所需熱輸入小，降低了熔池溫度，減少了合金元素燒損。

3）熱絲 TIG 焊的應用　熱絲 TIG 焊適用於碳鋼、合金鋼、不銹鋼、鎳基合金、雙相或多相鋼、鋁合金和鈦合金等的薄板及中厚板焊接，特別適於鎢鉻鈷合金繫表面堆焊。

（2）TOP-TIG 焊

1）TOP-TIG 焊原理 TOP-TIG 焊是一種透過噴嘴側壁送絲的 TIG 焊，如圖 5-29 所示。焊絲直接從噴嘴上的送絲嘴送到鎢極端部附近，焊絲與噴嘴之間的夾角保持在 20°左右。控制鎢極端部形狀，使焊絲相鄰的鎢極錐面基本平行於焊絲軸線。焊絲透過送絲嘴時被高溫噴嘴預熱，然後進入電弧中溫度最高的區域（鎢極端部附近），因此其熔化速度和電弧熱效率係數顯著提高。熔化的焊絲金屬以連續接觸過渡或滴狀過渡方式進入熔池中，具體過渡方式取決於送絲速度。連續接觸過渡主要出現在焊接電流大、送絲速度快的焊接條件下；而滴狀過渡出現在焊接電流較小、送絲速度較慢的情況下。一定電流下，送絲速度對熔滴過渡的影響方式見圖 5-30。

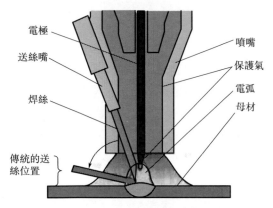

圖 5-29 TOP-TIG 焊焊接過程示意圖

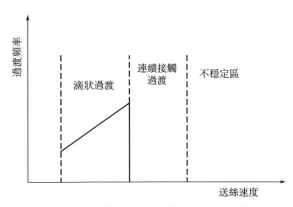

圖 5-30 送絲速度對熔滴過渡的影響

2）TOP-TIG 焊特點及應用

TOP-TIG 焊的優點如下。

① 與普通填絲 TIG 焊相比，操作方便靈活，因為不需要控制焊絲的送進方向，特別適合於機器人焊接。

② 焊接速度快，能量利用率高。焊絲的加熱利用鎢極附近電弧高溫區熱量，而普通 TIG 焊時這部分熱量是無法利用的，這樣顯著提高了電弧熱量利用率，提高了熔敷速度和焊接速度。

③ 與 MIG/MAG 焊相比，焊縫品質好，沒有飛濺，噪音小。

④ 鎢極到工件的距離對焊接品質的影響不像 TIG 焊那樣大，拓寬了工藝窗口。

TOP-TIG 焊對鎢極端部形狀要求極其嚴格，因此只能採用直流正極性接法進行焊接，不能採用交流電弧。

TOP-TIG 焊可用來焊接鍍鋅鋼、不銹鋼、鈦合金和鎳金合金等，焊接薄板時效率高於 MIG/MAG 焊。由於不能採用交流電流，因此這種方法一般不用於鋁、鎂等活潑金屬及其合金的焊接。

3）TOP-TIG 焊工藝參數選擇　TOP-TIG 焊的主要工藝參數有絲極間距（鎢極到焊絲端部的距離）、鎢極直徑、焊絲直徑、焊接電流、送絲速度和焊接速度等。絲極間距一般取焊絲直徑的 1～1.5 倍。常用的鎢極直徑為 2.4mm 和 3.2mm，電流上限分別為 230A 和 300A。常用的焊絲直徑有 0.8mm、1.0mm 和 1.2mm 三種。主要焊接參數對焊縫成形的影響規律見表 5-8。

表 5-8　主要焊接參數對焊縫成形的影響規律

參數	變化趨勢	焊縫成形變化趨勢		
		熔深	熔寬	餘高
焊接電流	增大	增大	增大	減小
	減小	減小	減小	增大
電弧電壓	增大	減小	增大	減小
	減小	增大	減小	增大
送絲速度	增大	減小	減小	增大
	減小	增大	增大	減小
焊接速度	增大	減小	減小	減小
	減小	增大	增大	增大

5.4 激光焊

5.4.1 激光焊原理、特點及應用

（1）激光焊原理

激光焊是利用聚焦激光束作熱源的一種高能量密度的熔化焊方法。加熱過程實質上是激光與非透明物質相互作用的過程。

激光照射到材料表面時，在不同的功率密度下，材料將發生溫升、表層熔化、氣化、形成小孔及產生等離子體等現象，如圖 5-31 所示。

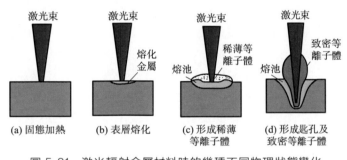

圖 5-31　激光輻射金屬材料時的幾種不同物理狀態變化

激光功率密度較低（$<10^4\,\mathrm{W/cm^2}$）、輻射時間較短時，金屬吸收激光的能量只能引起材料由表及裡的溫度上升，這適用於零件的表面熱處理。

激光功率密度達到 $10^4\sim10^6\,\mathrm{W/cm^2}$ 且輻射時間較長時，材料表層熔化，且液-固相分界面逐漸向材料深處移動。這適用於金屬表面重熔、合金化、熔覆和熔入型焊接。

激光功率密度 $>10^6\,\mathrm{W/cm^2}$ 時，材料表面熔化且蒸發，金屬蒸氣聚集在材料表面附近並弱電離，這種電離度較低的金屬蒸氣稱為弱等離子體，它有利於工件對激光的吸收。金屬蒸氣的反作用力還使熔池金屬表面凹陷。這適用於熔入型焊接。

功率密度 $>10^7\,\mathrm{W/cm^2}$ 時，材料表面強烈蒸發，形成強等離子體，這種緻密的等離子體對激光有屏蔽作用，顯著降低工件對激光的吸收率。在較大的蒸氣反作用力下，在熔化金屬內部形成一個小孔，又稱匙孔。

該孔的出現有利於材料對激光的吸收。這適用於穿孔型焊接、材料切割和打孔等。

(2) 激光焊的特點

與一般焊接方法相比，激光焊具有下列幾個特點。

① 聚焦後，激光光斑直徑可小到 0.01mm，具有很高的功率密度（高達 10^{13}W/m^2），焊接多以穿孔方式進行。

② 激光加熱範圍小（＜1mm），在相同功率和焊件厚度條件下，其焊接速度最高可達 10m/min 以上。

③ 焊接熱輸入低，故焊縫和熱影響區窄、焊接殘餘應力和變形小，可以焊接精密零件和結構，焊後無須矯正和機械加工。

④ 透過光導纖維或棱鏡改變激光傳輸方向，可進行遠距離焊接或一些難以接近部位的焊接。由於激光能穿透玻璃等透明體，適用於在密封的玻璃容器裡焊接鈹合金等劇毒材料。

⑤ 可以焊接一般焊接方法難以焊接的材料，如高熔點金屬、陶瓷、有機玻璃等。

⑥ 與電子束焊相比，激光焊不需要真空室，不產生 X 射線，光束不受電磁場作用。但可焊厚度比電子束焊小。

⑦ 激光的電光轉換及整體運行效率都很低。此外，激光會被光滑金屬表面部分反射或折射，影響能量向工件傳輸，所以焊接一些高反射率的金屬還比較困難。

⑧ 設備投資大，特別是高功率連續激光器的價格昂貴。此外，焊件的加工和組裝精度要求高，工裝夾具精度要求也高。只有高生產率才能顯示其經濟性。

(3) 激光焊的主要應用

固體激光焊或脈衝氣體激光焊可焊接銅、鐵、鋯、鉭、鋁、鈦、鈮等金屬及其合金，也可焊接石英、玻璃、陶瓷、塑料等非金屬材料。連續 CO_2 氣體激光焊可焊接大部分金屬與合金，但難以焊接銅、鋁及其合金（因為這兩種金屬的激光反射率高、吸收率低）。

激光焊已廣泛用於航天、航空、電子儀表、精密儀器、汽車製造、遊艇、醫療器械等行業。既可用來焊接由金屬絲或金屬箔構成的精密小零件，又可用於焊接厚度較大的金屬結構件。

激光焊還能與電弧熱、電阻熱、摩擦熱等熱源複合起來進行複合焊，如激光-MIG 複合焊等，大大提高了焊接品質和效率，降低了製造成本。

5.4.2　激光焊接系統

激光焊機器人系統主要由激光焊接系統（激光器、光束傳輸、聚焦系統和焊槍）機器人、變位機、電源及控制裝置、氣源和水源、操作盤和數控裝置等組成，如圖 5-32 所示。

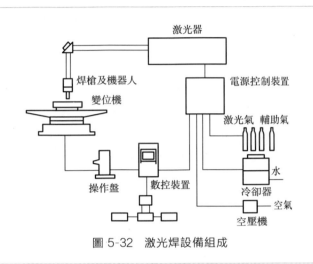

圖 5-32　激光焊設備組成

（1）激光器

激光器是透過使受激原子或分子的電子從高能級躍遷到低能級來產生相干光束的一種設備。根據工作介質的類型，激光器分為固體激光器和氣體激光器。

1）固體激光器　固體激光器的工作介質為紅寶石、YAG 或釹玻璃棒等，激光器主要由激光工作介質、聚光器、諧振腔（全反射鏡和部分反射鏡）、泵燈、電源及控制設備組成，如圖 5-33 所示。電源對儲能電容充電，在觸發電路控制下向泵燈（氙燈）放電，泵燈發出一束強光，集中照在工作介質上，工作介質被激勵而產生激光，激光在諧振腔中振盪放大後透過部分反射鏡的窗口輸出。調節儲能電容上的電壓，激光器即可輸出不同能量的激光。固體激光可透過光纖傳輸。

固體激光的波長與工作介質有關，紅寶石為 $0.69\mu m$，YAG（釔鋁石榴石）為 $1.06\mu m$。

工業用脈衝 Nd：YAG 激光器輸出的平均功率較低，但峰值功率卻高於平均功率的 15 倍；而連續 Nd：YAG 激光器輸出功率達 5kW 以上，故比脈衝的具有更高的加工速度。

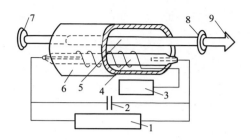

圖 5-33　固體激光器組成示意圖

1—高壓電源；2—儲能電容；3—觸發電路；4—泵燈；5—激光工作介質；
6—聚光器；7—全反射鏡；8—部分反射鏡；9—激光

　　使用氙燈作為激勵器件的固體激光器稱為燈泵浦激光器。採用激光二極管作為激勵器件時則稱為二極管泵浦激光器。二極管泵浦 Nd：YAG 激光器的波長較短，約在 $0.85 \sim 1.65 \mu m$ 之間。功率為 $550 \sim 4400W$ 的激光器即可用於焊接與切割了。

　　2）氣體激光器　氣體激光器多為 CO_2 激光器，採用 CO_2、N_2 和 He 的混合氣體為工作介質。CO_2 激光的波長為 $10.6 \mu m$，是固體（Nd：YAG）激光的 10 倍。焊接和切割常用的 CO_2 激光器有快速軸流式和橫流式兩種。

　　① 軸流式 CO_2 激光器。圖 5-34 為快速軸流式 CO_2 激光器的結構示意圖。它由放電管、諧振腔、高速風機以及熱交換器等組成。氣體在放電管內以接近聲速的速度流動，同時也帶走激光腔體內的廢熱。在放電管內可有多個放電區（圖中為 4 個），高壓直流電源在其間形成均勻的輝光放電。這類激光器的輸出模式為 TEM_{00} 模式和 TEM_{01} 模式，很適合於焊接與切割使用。

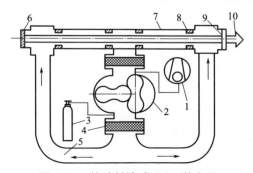

圖 5-34　快速軸流式 CO_2 激光器

1—真空系統；2—羅茨風機；3—激光工作氣源；4—熱交換器；5—氣管；6—全反鏡；
7—放電管；8—電極；9—輸出窗口；10—激光束

② 橫流式 CO_2 激光器。圖 5-35 為橫流式 CO_2 激光器的結構示意圖。高速壓氣機使混合氣體在放電區作垂直於激光束流動，其速度一般為 50m/s。氣體直接與換熱器進行熱交換，因而冷卻效果好。一般能獲得 2kW 的輸出功率。調節放電電流的大小即可調節激光器的輸出功率。

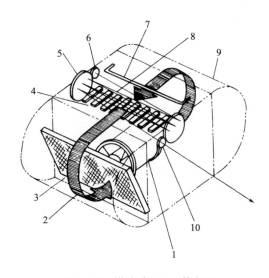

圖 5-35　橫流式 CO_2 激光器

1—壓氣機；2—氣流方向；3—換熱器；4—陽極板；5—折射鏡；6—全反鏡；
7—陰極管；8—放電區；9—密封鋼外殼；10—半反鏡（窗口）

目前焊接與切割用激光主要是 YAG 激光和 CO_2 激光，兩種激光各有特點。

Nd：YAG 激光的優點是：

a. 大多數金屬對 Nd：YAG 激光的吸收率比 CO_2 激光大。

b. Nd：YAG 激光能透過光纖傳播，有利於實現機器人焊接。

c. Nd：YAG 激光容易對中、轉換和分光；激光器和光束傳輸系統所占空間較小。

CO_2 激光的優點是：

a. 輸出功率較大，電—光轉換效率高，聚焦能力好，運行費用和安全防護成本低等。

b. 焊接對 CO_2 激光波長反射率較低的材料時可獲得較高的焊接速度，同時焊接熔深也較大。

（2）光束傳輸、聚焦系統和焊槍

光束傳輸和聚焦系統又稱外部光學系統，用來把光束傳輸並聚焦到工件上，其端部安裝提供保護或輔助氣流的焊槍。圖 5-36 是兩種激光傳輸和聚焦系統的示意圖。反射鏡用於改變光束的方向，球面反射鏡或透鏡用來聚焦。在固體激光器中，常用光學玻璃製造反射鏡和透鏡。而對於 CO_2 激光器，由於激光波長大，常用銅或反射率高的金屬制成反射鏡，用 GaAs 或 ZnSe 製造透鏡。透射式聚焦用於中小功率的激光器，而反射式聚焦用於大功率激光器。

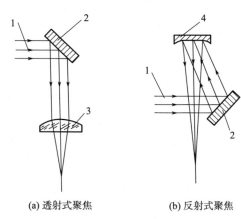

(a) 透射式聚焦 　　　　　(b) 反射式聚焦

圖 5-36　激光傳輸和聚焦系統示意圖

1—激光束；2—平面反射鏡；3—透鏡；4—球面反射鏡

5.4.3　激光焊焊縫成形方式

根據所用光束的功率密度大小，激光焊焊縫成形方式分為熔入型焊接和穿孔型焊接兩種形式。熔入型焊接熔池行為和焊接工藝過程與電弧焊基本類似。

穿孔型激光焊的最大特點是有小孔效應。在激光束的照射下，工件不僅發生熔透，而且在強大的蒸發反力的作用下，激光束下面形成一個貫穿工件厚度的小孔，小孔周圍是熔化的液態金屬，這個充滿蒸汽的小孔就像「黑體」一樣，將入射的激光能量全部吸收。光束向前移動時，液態金屬繞小孔流向後方形成如圖 5-37 所示的渦流。此後，小孔後方液體金屬因熱傳導的作用，溫度降低，逐漸凝固而形成焊縫。

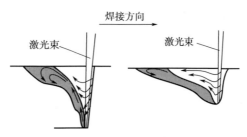

圖 5-37 小孔周圍液體金屬的流動

當功率密度較高時產生的小孔能穿透整個焊件的厚度，可以獲得全熔透的焊縫，如圖 5-38 所示。

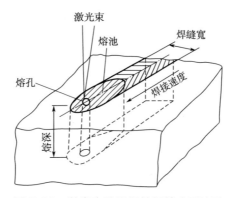

圖 5-38 激光穿孔型焊接焊縫成形特點

5.4.4 激光焊工藝參數

（1）入射光束功率

入射光束功率是影響焊接熔深的主要參數。在一定束斑直徑下，增加激光功率可提高焊接速度和增大焊接熔深。激光功率、焊接速度和焊接熔深之間的基本關係如圖 5-39 所示。

（2）激光波長

波長影響吸收率，波長越短吸收率越高，如鋁和紫銅對固體激光的吸收率高，而對氣體激光的吸收率則很低。

（3）光斑直徑和離焦量

光斑直徑越小，光束的有效區間變窄，可焊接厚度越大的材料。

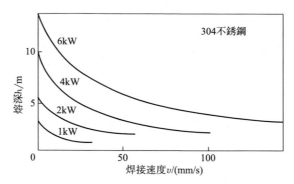

圖 5-39　激光功率、焊接速度和焊接熔深之間的基本關係

　　激光焦點上光斑中心的功率密度很高，焦點位於工件表面上時易導致過量的蒸發，因此，激光焊接通常需要一定的離焦量。焦平面位於工件表面上方為正離焦，反之為負離焦。在實際應用中，當要求熔深較大時，採用負離焦；焊接薄材料時，宜用正離焦。

　　（4）焊接速度

　　焊接速度影響焊接熔深和熔寬。穿孔型焊接時，熔深幾乎與焊接速度成反比。在一定的功率下，一定的熔深需要合適的焊接速度，過高的焊接速度會導致未焊透或咬邊等缺陷；過慢的焊接速度會導致熔寬急劇增加，甚至引起塌陷或燒穿缺陷。

　　（5）保護氣體的成分和流量

　　焊接時使用保護氣體，一是為了保護被焊部位免受氧化，二是為了抑制大功率焊接時產生大量等離子體。

　　He 可顯著改善激光的穿透力，這是因為 He 的電離勢高，不易產生等離子體；而 Ar 的電離勢低，易產生等離子體。若在 He 中加入 1%（體積分數）的具有更高電離勢的 H_2，則會進一步改善激光束的穿透力，增大熔深。空氣和 CO_2 對光束穿透力的影響介於兩者之間。

　　隨著流量的增大，熔深增大，但超過一定值後，熔深基本上維持不變。因為流量從小變大時，保護氣體去除熔池上方等離子體的作用是逐漸加強的，從而減小了等離子體對光束的吸收和散射作用。一旦流量達到一定值後，其抑制等離子體的作用不再隨著流量增大而加強，而且過大的流量還會引起焊縫表面凹陷和氣體的過多消耗。

　　（6）脈衝參數

　　脈衝激光焊時，脈衝能量主要影響金屬的熔化量，脈衝寬度則影響熔深。

不同材料各有一個最佳脈衝寬度使熔深最大，例如，焊銅時脈衝寬度為 $(1 \sim 5) \times 10^{-4}$ s，焊鋁時為 $(0.5 \sim 2) \times 10^{-2}$ s，焊鋼時為 $(5 \sim 8) \times 10^{-3}$ s。

5.5 攪拌摩擦焊工藝

5.5.1 攪拌摩擦焊原理、特點及應用

（1）原理

攪拌摩擦焊是利用攪拌頭與母材的摩擦熱及攪拌頭頂鍛壓力進行焊接的一種方法，如圖 5-40 所示。首先，攪拌頭高速旋轉，攪拌針鑽入被焊材料的接縫處，攪拌針與接縫處的母材金屬摩擦生熱，軸肩與被焊表面摩擦也產生部分熱量，這些熱量使攪拌頭附近的金屬形成熱塑性層。攪拌頭前進時，攪拌頭前面形成的熱塑性金屬轉移到攪拌頭後面，填滿後面的空隙，形成焊縫。焊縫形成過程是金屬被擠壓、摩擦生熱、塑性變形、遷移、擴散、再結晶過程。

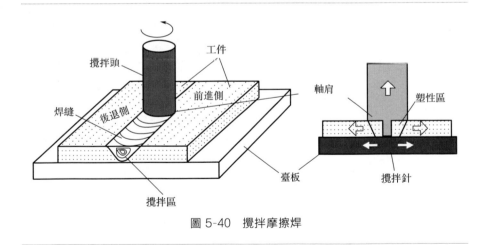

圖 5-40　攪拌摩擦焊

（2）攪拌摩擦焊的特點

1）優點

① 接頭品質高。攪拌摩擦焊屬於固相焊接，不會產生與材料熔化和凝固相關的缺陷，如氣孔、偏析和夾雜等。接頭各個區域的晶粒細、組織緻密、夾雜物彌散分布。接頭性能好、品質穩定、可重複性好。

② 生產率高，生產成本低。攪拌摩擦焊不需填充材料和焊劑，也不需保護氣體，工件留餘量少，焊前無須特殊清理，也不需要開坡口，焊後接頭也無須去飛邊，與電弧焊相比，成本可降低 30％左右。

③ 焊接尺寸精度高。由於焊接溫度低，焊接變形小，攪拌摩擦焊可以實現高精度焊接。

④ 自動化程度高。整個焊接過程由自動焊機或機器人控制，可以避免操作人員造成的人為因素缺陷，而且焊接品質不依賴於操作人員的技術水準。

⑤ 環境清潔。焊接時不會產生煙塵、弧光輻射以及其他有害物質，因而無須安裝排煙、換氣裝置。

2）摩擦焊的缺點和局限性

① 目前的攪拌摩擦焊僅適於輕質金屬材料（如鋁、鎂合金等）的對接和搭接焊，對於高強度材料，如鋼、鈦合金，以及粉末冶金材料焊接尚有困難。

② 焊接設備相對較為複雜，一次性投資較大，只有在大量生產時才能降低生產成本。攪拌頭磨損嚴重，使用壽命不長。

3）適用範圍　攪拌摩擦焊僅適合塑性好的材料，主要用於鋁及鋁合金的焊接。可焊接的接頭形式有對接、搭接、角接和 T 形接頭等，如圖 5-41 所示。目前主要用在航空航天、高鐵、鋁制壓力容器、遊艇製造等行業。

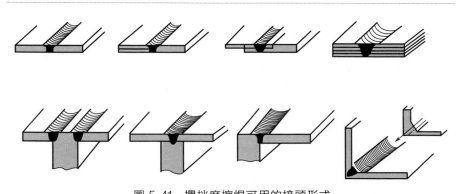

圖 5-41　攪拌摩擦焊可用的接頭形式

5.5.2　攪拌摩擦焊焊頭

攪拌摩擦焊焊接時兩被焊工件不轉動，需要轉動的是攪拌頭，實現

攪拌頭轉動的傳動機構比較簡單。圖 5-42 為攪拌摩擦焊焊頭的傳動系統示意圖，主要由主軸電動機、調速器、主軸箱、攪拌頭、夾持器部分組成。但實現攪拌頭相對於工件在 x、y、z 三個座標方向運動的機構則較為複雜，z 軸為攪拌頭提供焊接壓力和焊接深度控制，透過改變攪拌頭與工件之間的距離可以實現；x、y 軸的運動是使焊機具有直縱縫焊接和平面曲線焊縫焊接的能力，通常是藉助支承攪拌頭傳動機構的機架與支承並夾緊工件的工作檯之間的相對運動來實現。

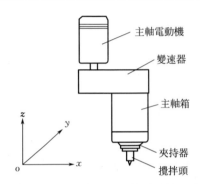

圖 5-42　攪拌摩擦焊焊頭傳動系統示意圖

5.5.3　攪拌摩擦焊焊接參數

攪拌摩擦焊的焊接參數有攪拌頭的傾角、旋轉速度、焊接速度、插入深度、插入速度、插入停留時間、焊接壓力、回抽停留時間、回抽速度和攪拌頭形狀等。

（1）攪拌頭的傾角

攪拌頭一般要傾斜一定角度，其主要目的是減小前行阻力並使攪拌頭肩部的後沿能夠對焊縫施加一定的頂鍛力。對於厚度為 $1 \sim 6mm$ 的薄板，攪拌頭傾角通常選 $1° \sim 2°$（攪拌頭指向焊接方向）；對於厚度大於 $6mm$ 的中厚板，一般取 $3° \sim 5°$。

（2）旋轉速度

攪拌頭的轉速是主要焊接參數之一，需要與焊接速度相匹配。對於任何材料，一定的焊接速度對應著一定的旋轉速度適用範圍，在此範圍內可獲得高品質的接頭。轉速過低，摩擦熱不足，不能形成良好的熱塑性層，焊縫中形成孔洞缺陷。轉速過高，攪拌針附近母材溫度過高，高

溫母材黏連攪拌頭，也難以形成良好的接頭。

根據攪拌頭的旋轉速度，攪拌摩擦焊接規範可以分為冷規範、弱規範和強規範，各種鋁合金材料焊接規範分類如表 5-9 所示。

表 5-9　鋁合金材料焊接規範的分類

規範類別	攪拌頭旋轉速度/(r/min)	適合的鋁合金材料
冷規範	<300	2024、2214、2219、2519、2195、7005、7050、7075
弱規範	300～600	2618、6082
強規範	>600	5083、6061、6063

（3）焊接速度

焊接速度是指攪拌頭與工件之間沿接縫移動的速度。主要根據工件厚度確定，此外還須考慮生產效率及攪拌摩擦焊工藝柔性等因素。

表 5-10 給出了不同厚度鋁合金材料攪拌摩擦焊時的焊接速度。

表 5-10　不同厚度鋁合金材料攪拌摩擦焊時的焊接速度

板材厚度/mm	焊接速度/(mm/min)	適用材料
1～3	30～2500	5083、6061、6063
3～6	30～1200	6061、6063
6～12	30～800	2219、2195
12～25	20～300	2618、2024、7075
25～50	10～80	2024、7075

（4）插入深度

攪拌頭的插入深度一般指攪拌針插入被焊材料的深度，但是考慮到攪拌針的長度一般為固定值，所以攪拌頭的插入深度也可以用軸肩後沿低於板材表面的深度來表示。對薄板材料一般為 0.1～0.3mm，對中厚板材料，此深度一般不超過 0.5mm。

（5）插入速度

插入速度指攪拌針在插入工件過程中所用的旋轉速度，一般根據攪拌針類型和板厚來選擇。若插入過快，在被焊材料尚未完全達到熱塑性狀態的情況下會對設備主軸造成極大損害。若插入過慢，則會造成溫度過熱而影響焊接質量。

攪拌針為錐形時，插入速度約為 15～30mm/min；攪拌針為柱形時，

插入速度應適度降低，約為 5～25mm/min。焊接厚板（＞12mm）時，插入速度約為 10～20mm/min；焊接薄板（厚度為 0.8～12mm）時，插入速度約為 15～30mm/min。

(6) 插入停留時間

插入停留時間指攪拌針插入工件達預定深度後、攪拌頭開始橫向移動之前的這段時間，根據工件材料及板厚選擇。若停留時間過短，焊縫溫度尚未達到平衡狀態就開始橫向移動，則會導致隧道形孔洞缺陷；若停留時間過長，則被焊材料過熱，易導致成分偏聚、焊縫表面渣狀物、S 形黑線缺陷等。

對於薄板、塑性流動好的材料或者對熱敏感材料，插入停留時間宜短一些，一般取 5～20s。

(7) 焊接壓力

焊接時攪拌頭向焊縫施加的軸向頂鍛壓力通常根據工件的強度和剛度、攪拌頭的形狀、攪拌頭壓入深度等選擇。攪拌摩擦焊的焊接壓力在正常焊接時一般是保持恆定的。

(8) 回抽停留時間

回抽停留時間是指攪拌頭橫向移動停止後，攪拌針尚未從工件中抽出的停留時間。若此時間過短，焊接部位熱塑性流動尚未完全達到平衡狀態，將會在焊縫尾孔附近出現孔洞；若停留時間過長，則焊縫過熱易發生成分偏聚，影響焊縫品質。

(9) 回抽速度

回抽速度是指攪拌針從焊件抽出的速度，其數值主要根據攪拌針的類型及母材厚度選擇。若回抽過快，母材上的熱塑性金屬會隨攪拌針回抽而形成慣性向上運動，從而造成焊縫根部的金屬缺失，出現孔洞。

對於錐形攪拌針，回抽速度通常為 15～30mm/min；對於圓柱形攪拌針，回抽速度應適度降低，約為 5～25mm/min。

(10) 攪拌頭形狀

攪拌頭形狀對焊縫成形具有很大的影響。厚度小於 12mm 的鋁合金一般採用柱狀螺紋攪拌頭，如圖 5-43(a) 所示，厚度大於 12mm 的鋁合金通常採用錐狀螺紋攪拌頭或爪狀螺紋攪拌頭，如圖 5-43(b)、 (c) 所示。後兩種攪拌頭可運行較大的焊接速度。

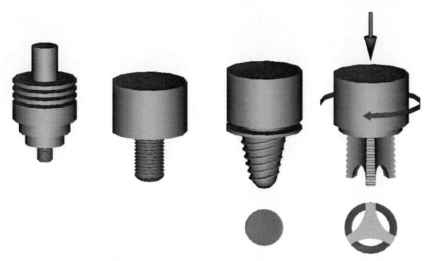

(a) 柱狀螺紋攪拌頭　　　　　(b) 錐狀螺紋攪拌頭　　(c) 爪狀螺紋攪拌頭

圖 5-43　鋁合金攪拌摩擦焊常用的攪拌頭

第6章

焊接機器人的
應用操作技術

6.1 機器人的示教操作技術

　　機器人教導器作為操作人員與機器人之間的人機交互工具，可以控制機器人完成特定的運動，同時具有一定的監控操作功能，是工業機器人的主要組成部分之一。

6.1.1 教導器及其功能

　　教導器簡稱 TP（teach pendant 的縮寫），又稱示教盒，是應用工具軟體與使用者之間的介面裝置，透過教導器可以控制大多數機器人操作。教導器透過電纜與機器人控制裝置連接，在使用它之前必須了解教導器的功能和各個按鍵的使用方法。不同機器人系統的教導器布局結構有所不同，但功能基本相同。以發那科（FANUC）機器人系統為例闡述教導器的結構及功能，教導器正面如圖 6-1 所示，背面如圖 6-2 所示。

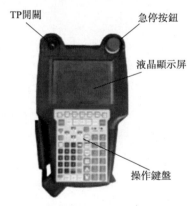

圖 6-1　機器人教導器正面

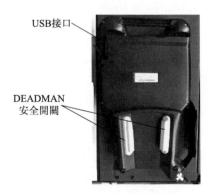

圖 6-2　機器人教導器背面

　　教導器由如下構件構成：
① 640×480 解析度的液晶畫面；
② 2 個 LED；
③ 68 個鍵控開關（其中 4 個專用於各應用工具）；
④ 教導器有效開關；
⑤ 安全開關；
⑥ 急停按鈕。

教導器在進行如下操作時使用：

① 機器人的點動進給；

② 程序創建；

③ 程序的測試執行；

④ 操作執行；

⑤ 狀態確認。

（1）教導器開關功能

1）急停按鈕　按下急停按鈕切斷伺服開關可立刻停止機器人和外部軸的操作運轉。當出現突發緊急情況時，及時按下紅色按鈕，機器人將鎖住停止運動。待危險或報警解除後，順時針旋轉按鈕，將自動彈起釋放該開關，急停按鈕如圖 6-3 所示。

圖 6-3　急停按鈕

2）DEADMAN 安全開關　安全開關在操作時確保操作者的安全。當 TP 有效時，輕按一個或兩個 DEADMAN 開關打開伺服電源，可手動操作機器人；當兩個開關同時被釋放或同時被用力按下時，切斷伺服開關，機器人立即停止運動，並出現報警，安全開關如圖 6-4 所示。

3）TP 開關　TP 開關控制教導器的有效或無效：開關撥到 ON，TP 有效；開關撥到 OFF，TP 無效（教導器被鎖住，無法使用）。TP 開關如圖 6-5 所示。

圖 6-4　DEADMAN 安全開關

圖 6-5　TP 開關

（2）教導器顯示器

1）教導器畫面　教導器採用 7 吋液晶顯示器，顯示器各位置顯示含義如圖 6-6 所示。

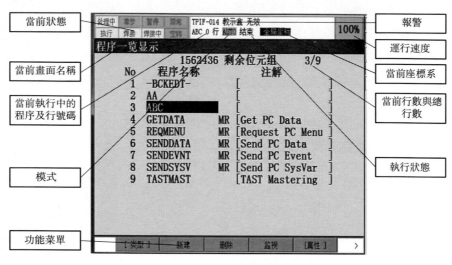

圖 6-6　教導器螢幕顯示

2）狀態窗口　教導器顯示窗口的最上面一行為狀態窗口，如圖 6-7 所示，上面有 8 個用來顯示機器人工作狀態的 LED、報警顯示和倍率值顯示。軟體 LED 顯示的含義如表 6-1 所示，帶有圖標的顯示表示「ON」，不帶圖標的顯示表示「OFF」。

圖 6-7　狀態窗口

表 6-1　8 個 LED 顯示代表的含義

顯示 LED	含義
處理	綠色表示機器人正在進行某項作業
單步	黃色表示處在單步執行程序模式
暫停	紅色表示已按下 HOLD(暫停)按鈕，或者輸入 HOLD 訊號，處於暫停階段
異常	紅色表示發生異常

續表

顯示 LED	含義
執行	綠色表示正在執行程序
焊接	綠色表示打開焊接功能
焊接中	綠色表示正在進行焊接
空轉	應用程序固有的 LED 顯示

（3）教導器 LED 指示燈

教導器有 2 個 LED 指示燈，如圖 6-8 所示。

① POWER（電源指示燈） 燈亮表示控制裝置電源已接通。

② FAULT（報警指示燈） 燈亮表示發生錯誤報警。

（4）教導器操作鍵

教導器操作按鍵如圖 6-9 所示。

圖 6-8　LED 指示燈

圖 6-9　操作按鍵

1）教導器按鍵功能

教導器各按鍵詳細功能參考表 6-2。

表 6-2　教導器按鍵功能

按鍵	功能
F1、F2、F3、F4、F5	功能鍵，用來選擇螢幕最下行的功能鍵菜單
PREV	返回鍵，將螢幕界面返回到之前顯示的界面

續表

按鍵	功能
NEXT	翻頁鍵,將功能鍵菜單切換至下一頁
SHIFT	SHIFT 鍵與其他按鍵同時按下,可以進行 JOG 進給、位置數據的示教、程序的啓動等
MENU	菜單鍵,顯示菜單界面
SELECT	一覽鍵,顯示程序一覽界面
EDIT	編輯鍵,顯示程序編輯界面
DATA	數據鍵,顯示數據界面
FCTN	輔助鍵,顯示輔助功能菜單
DISP/□□	界面切換鍵,與 SHIFT 鍵同時按下,分割螢幕(單屏、雙屏、三屏、狀態/單屏)
↑、↓、←、→	游標鍵,用來移動游標(游標是指可在示教操作盤界面上移動的、反相顯示的部分)
RESET	報警消除鍵
BACK SPACE	刪除鍵,刪除游標位置之前一個字符或數字
ITEM	項目選擇鍵,輸入行編號後移動游標
ENTER	確認鍵,用於確認數值的輸入和菜單的選擇
WELD ENBL	切換焊接的有效/無效(同時按下 SHIFT 鍵使用)。單獨按下此鍵將顯示測試執行和焊接界面
WIRE+	手動送絲
WIRE−	手動抽絲
OTF	顯示焊接微調整界面
DIAG/HELP	診斷/幫助鍵,顯示系統版本(同時按下 SHIFT 鍵使用)。單獨按下此鍵切換到報警界面
POSN	位置顯示鍵,顯示當前機器人所處位置座標
I/O	輸入/輸出鍵,顯示 I/O 界面
GAS/STATUS	氣檢(同時按下 SHIFT 鍵使用)。單獨按下此鍵將顯示焊接狀態界面
STEP	單步模式與連續模式切換鍵,測試運轉時的步進運轉和連續運轉的切換
HOLD	暫停鍵,暫停程序的執行
FWD、BWD	前進鍵、後退鍵(同時按下 SHIFT 鍵使用)用於程序的啓動
COORD	切換座標係
+%、−%	倍率鍵,進行速度倍率的變更
+X、+Y、+Z、−X、−Y、−Z	JOG 鍵(同時按下 SHIFT 鍵使用),手動移動機器人

2）常用按鍵功能使用詳解

① F1、F2、F3、F4、F5　F1～F5 ——對應螢幕最下方的功能鍵菜單，如圖 6-10 所示。

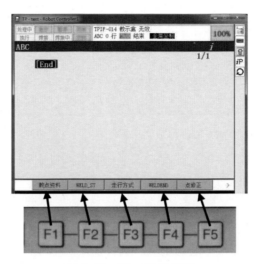

圖 6-10　F1~ F5 功能鍵

② NEXT　翻頁鍵，將功能鍵菜單切換到下一頁，如圖 6-11 所示，顯示下一頁功能鍵菜單。

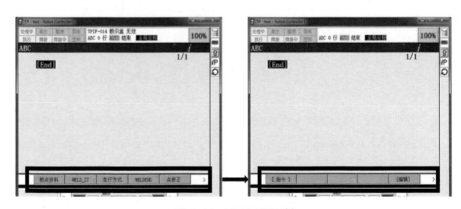

圖 6-11　NEXT 翻頁鍵

③ MENU、SELECT　按下 MENU 菜單鍵顯示主菜單界面，如圖 6-12 所示；按下 SELECT 選擇鍵顯示程序一覽界面，如圖 6-13 所示。

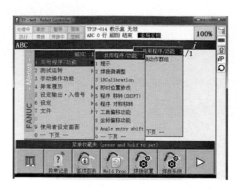

圖 6-12　MENU 菜單鍵

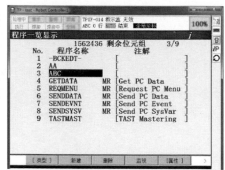

圖 6-13　SELECT 選擇鍵

④ DISP/▣　同時按下 DISP/▣＋SHIFT 鍵進入分屏操作界面，如圖 6-14 所示，可以選擇多界面顯示。選擇兩個界面顯示如圖 6-15 所示，選擇三個界面顯示如圖 6-16 所示，按下 DISP/▣鍵可以在多界面顯示下進行當前界面的選擇切換。

圖 6-14　分屏操作界面

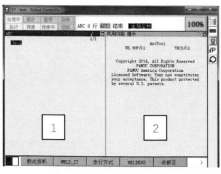

圖 6-15　雙界面顯示

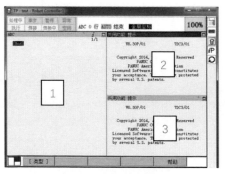

圖 6-16　三界面顯示

⑤ WELD ENBL 焊接開關鍵，螢幕左上角的焊接開關為黃色時處於焊接功能關閉狀態，如圖 6-17 所示；同時按下 WELD ENBL＋SHIFT 鍵切換焊接的打開/關閉，焊接開關為綠色時處於焊接打開狀態，如圖 6-18 所示。

圖 6-17 焊接關閉

圖 6-18 焊接打開

⑥ STEP 程序執行模式切換鍵，螢幕左上角的單步開關為綠色時處於連續執行程序模式，如圖 6-19 所示；按下 STEP 鍵切換程序執行模式，單步開關為黃色時處於單步執行程序模式，如圖 6-20 所示。

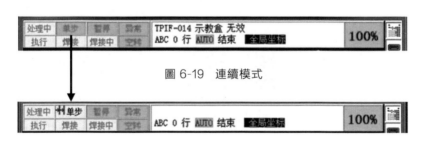

圖 6-19 連續模式

圖 6-20 單步模式

⑦ COORD 座標係切換鍵，單擊 COORD 鍵，依次進行如下切換：「JOINT」（關節）→「WORLD」（全局/世界）→「TOOL」（工具）→「USER」（使用者）→「JOINT」（關節），如圖 6-21 所示。

⑧ ＋％、－％ 倍率鍵，用來進行機器人運行速度倍率的變更。單擊＋％、－％鍵，依次進行如下切換：「VFINE」（微速）→「FINE」（低速）→「1％2％3％4％5％→10％→15％→100％」，如圖 6-22 所示；同時按下＋％、－％＋SHIFT 時，依次進行如下切換：「VFINE」（微速）→「FINE」（低速）→「5％→25％→50％→100％」，如圖 6-23 所示。

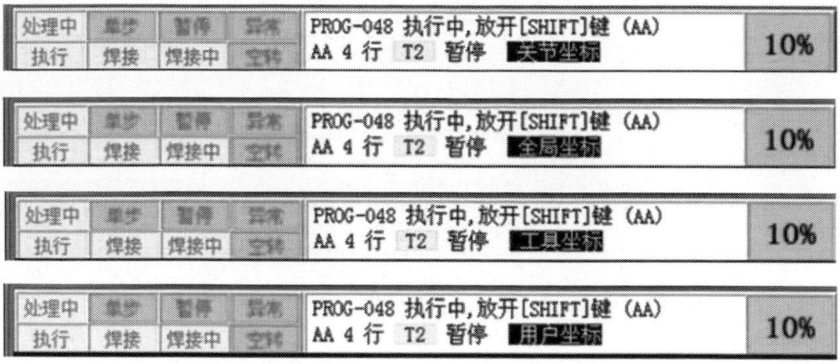

處理中	單步	暫停	異常	PROG-048 执行中,放开[SHIFT]键 (AA)	10%
執行	焊接	焊接中	空轉	AA 4 行 T2 暫停 关节坐标	

處理中	單步	暫停	異常	PROG-048 执行中,放开[SHIFT]键 (AA)	10%
執行	焊接	焊接中	空轉	AA 4 行 T2 暫停 全局坐标	

處理中	單步	暫停	異常	PROG-048 执行中,放开[SHIFT]键 (AA)	10%
執行	焊接	焊接中	空轉	AA 4 行 T2 暫停 工具坐标	

處理中	單步	暫停	異常	PROG-048 执行中,放开[SHIFT]键 (AA)	10%
執行	焊接	焊接中	空轉	AA 4 行 T2 暫停 用户坐标	

圖 6-21　座標係切換

 微速-低速-1%2%3%4%5%-10%-15%-100%

圖 6-22　單擊倍率鍵時速度倍率變更

 微速-低速-5%-25%-50%-100%

圖 6-23　同時按倍率鍵和 SHIFT 鍵時速度倍率變更

6.1.2　程序操作（創建、刪除、複製）

（1）程序的創建

創建程序首先要確定程序名，使用程序名來區別儲存在控制裝置儲存器中的程序。

1）程序名的命名規則

① 在相同控制裝置內不能創建 2 個以上相同名稱的程序。

② 程序名的長度為 1～8 個字符。

③ 程序名不能以數字或字符作為首字母。

④ 除首字母外，程序名可採用的字符僅限大寫字母和數字。

⑤ 符號僅限「—」（一字線）。

⑥ 使用 RSR 的、用於自動運轉的程序必須取名為 RSRnnnn。其中，nnnn 表示 4 位數，例如 RSR0001，否則程序就不會運行。

⑦ 使用 PNS 的、用於自動運轉的程序必須取名為 PNSnnnn。其中，nnnn 表示 4 位數，例如 PNS0001，否則程序就不會運行。

2）程序創建步驟

① 按「SELECT」鍵，進入程序一覽主界面（圖 6-24）。

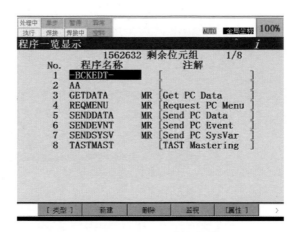

圖 6-24　程序一覽主界面

② 按「F2」新建（圖 6-25）。

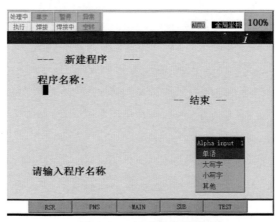

圖 6-25　新建程序界面

③ 按「↓」鍵選擇命名方式。透過 F1～F5 按鍵及數字鍵輸入字符（圖 6-26）。

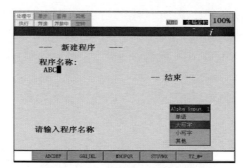

圖 6-26　新建程序名稱

④ 輸入程序名完成後按「ENTER」鍵確認（圖 6-27）。

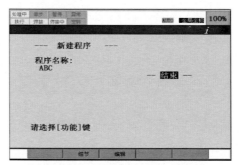

圖 6-27　新建程序名稱完成

⑤ 按「F3」編輯鍵進行程序編寫（圖 6-28）。

圖 6-28　程序編寫界面

（2）程序的刪除

不需要的程序可以刪除，但是沒有終止的程序不能刪除，刪除前需要終止程序。

程序刪除步驟：

① 在程序選擇頁面，將游標移至需要刪除的程序「ABC」（圖 6-29）。

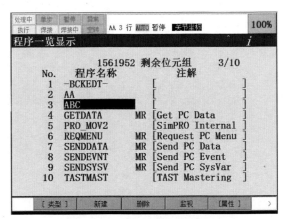

圖 6-29　選擇需要刪除的程序

② 按「F3」刪除，並選擇是否刪除（圖 6-30）。

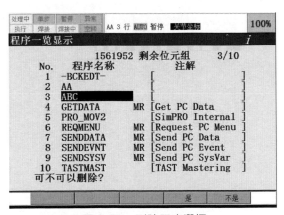

圖 6-30　刪除程序選擇

③ 按「F4」，程序「ABC」即刪除（圖 6-31）。

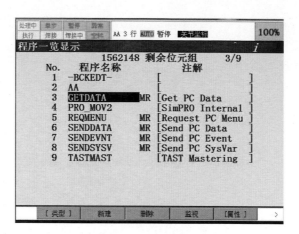

圖 6-31　刪除程序完成

(3) 程序的複製

可以將相同的內容複製到具有不同名稱的程序中。

程序複製步驟：

① 在程序選擇頁面，將游標移到需要複製的程序（圖 6-32）。

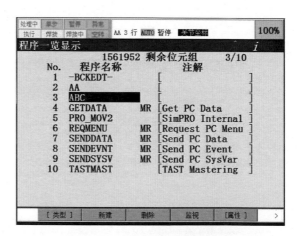

圖 6-32　選擇需要複製的程序

② 按「NEXT」鍵翻頁，顯示下一頁菜單欄，選擇複製（圖 6-33）。

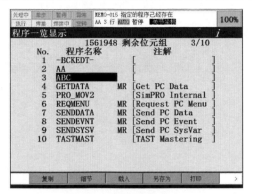

圖 6-33　複製程序

③ 按「F1」複製並新建複製的程序名（圖 6-34）。

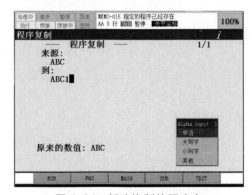

圖 6-34　新建複製的程序名

④ 按「ENTER」鍵確認並按「F4」選擇「是」（圖 6-35）。

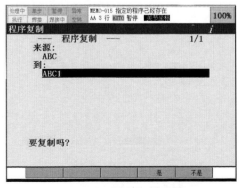

圖 6-35　程序複製選擇

⑤ 程序「ABC」的內容即完全複製到程序「ABC1」（圖 6-36）。

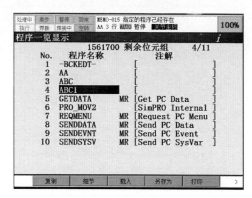

圖 6-36　複製程序完成

6.1.3　常用編程指令

機器人焊接過程中最常用的編程指令包括動作指令、焊接起收弧指令、擺焊指令等。

（1）動作指令

所謂動作指令，是指以指定的移動速度和移動方式使機器人向作業空間內的指定位置進行移動的指令，如圖 6-37 所示。

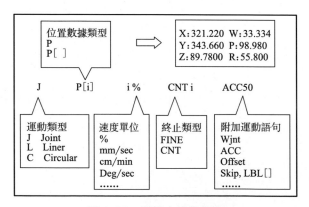

圖 6-37　機器人動作指令

動作指令中指定的內容有運動類型（指向指定位置的移動方式）、位置數據（對機器人將要移動的位置進行示教）、移動速度（指定機器人的

移動速度)、終止類型(指定是否在指定位置定位)、動作附加指令(指定在動作中執行附加指令)。

1)運動類型　運動類型是向指定位置的移動方式,動作類型有不進行軌跡控制/姿勢控制的關節運動(J)、進行軌跡控制/姿勢控制的直線運動(L)和圓弧運動(C)。

① 關節運動(J)　關節運動是機器人在兩個指定的點之間任意運動,移動中的刀具姿勢不受控制,如圖 6-38 所示。關節移動速度的指定,以相對最大移動速度的百分比來記述。

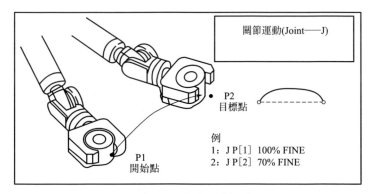

圖 6-38　關節運動類型

機器人沿所有軸同時加速,在示教速度下移動後,同時減速後停止。移動軌跡通常為非線性,在對結束點進行示教時記述動作類型。

② 直線運動(L)　直線運動是機器人在兩個指定的點之間沿直線運動,如圖 6-39 所示,以線性方式對從動作開始點到目標點的移動軌跡進

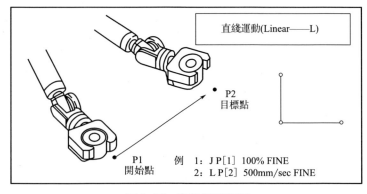

圖 6-39　直線運動類型

行控制的一種移動方法，在對目標點進行示教時記述動作類型。直線移動速度的指定從 mm/sec、cm/min、inch/min、inch/sec 中予以選擇。

③ 圓弧運動（C）　圓弧運動是機器人在三個指定的點之間沿圓弧運動，如圖 6-40 所示，是從動作開始點透過中間經由點到目標點以圓弧方式對移動軌跡進行控制的一種移動方法。圓弧移動速度的指定從 mm/sec、cm/min、inch/min、sec 中予以選擇，其在一個指令中對中間經由點和目標點進行示教。

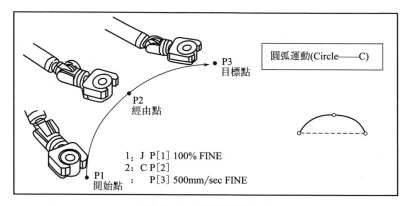

圖 6-40　圓弧運動類型

運動類型切換步驟：

① 將游標移動至動作類型（圖 6-41）。

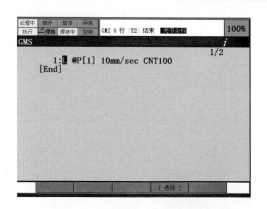

圖 6-41　運動類型切換界面

② 按「F4」選擇，顯示如下界面（圖 6-42）。

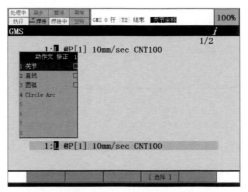

圖 6-42　選擇運動類型

③ 選擇要設定的動作類型，按「ENTER」鍵確認（圖 6-43）。

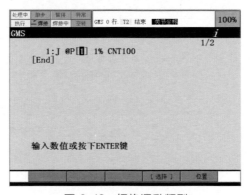

圖 6-43　切換運動類型

2）位置數據　位置數據儲存機器人的位置和姿勢。在對動作指令進行示教時，位置數據同時被自動記憶寫入程序。

位置數據包含位置和姿勢兩種數據。

① 位置（X，Y，Z）　以三維座標值來表示笛卡兒座標系中的刀尖點（刀具座標係原點）位置。

② 姿勢（W，P，R）　以圍遶笛卡兒座標系中的 X、Y、Z 軸旋轉的角度來表示。

在動作指令中，位置數據以位置變量（P[i]）或位置寄存器（PR[i]）來表示。標準設定下使用位置變量，位置變量與位置寄存器對比如圖 6-44 所示。

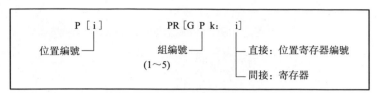

圖 6-44　位置數據類型

查看/修改位置數據步驟：

① 將游標移動到動作指令的位置數據上（圖 6-45）。

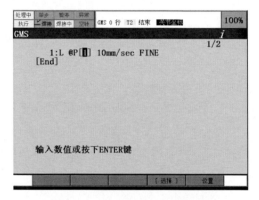

圖 6-45　查看/修改位置數據界面

② 按「F5」位置，顯示 X、Y、Z、W、P、R 為世界座標係下位置數據（圖 6-46）。

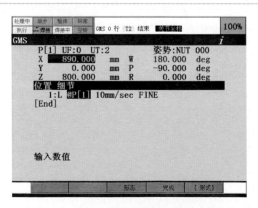

圖 6-46　顯示世界座標係下的位置數據

③ 按「F5」形式，選擇關節並按「ENTER」確定，切換顯示關節座標係位置數據（圖 6-47）。

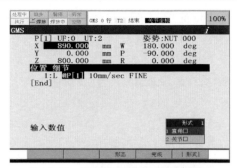

圖 6-47　切換關節座標係位置數據

④ 顯示 J1、J2、J3、J4、J5、J6 為關節座標係位置數據（圖 6-48）。

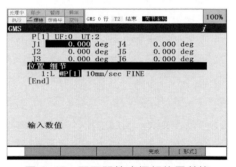

圖 6-48　顯示關節座標係位置數據

⑤ 如需修改座標值，將游標移動到相應的數值上輸入新的數值按「ENTER」確認即可（圖 6-49）。

圖 6-49　修改座標值

⑥ 查看或修改完畢後按「PREV」鍵退出。

3）移動速度　在移動速度中設定機器人的運動速度。在程序執行中，移動速度受到速度倍率的限制，速度倍率值的範圍為 1％～100％。在移動速度中指定的單位，根據動作指令所示教的動作類型而不同。所示教的移動速度不可超出機器人的允許值。示教速度不匹配時，系統將發出報警。

① 動作類型為關節動作的情況下，按如下方式指定。

a. 在 1％～100％ 的範圍內指定相對最大移動速度的比率。

b. 單位為 sec 時，在 0.1～3200sec 範圍內指定移動所需時間。在移動時間較為重要的情況下進行指定。此外，有的情況下不能按照指定時間進行動作。

c. 單位為 msec 時，在 1～32000msec 範圍內指定移動所需時間。

② 動作類型為直線動作或圓弧動作的情況下，按如下方式指定。

a. 單位為 mm/sec 時，在 1～2000mm/sec 之間指定。

b. 單位為 cm/min 時，在 1～12000cm/min 之間指定。

c. 單位為 inch/min 時，在 0.1～4724.4inch/min 之間指定。

d. 單位為 sec 時，在 0.1～3200sec 範圍內指定移動所需時間。

e. 單位為 msec 時，在 1～32000msec 範圍內指定移動所需時間。

③ 移動方法為在刀尖點附近的旋轉移動的情況下，按如下方式指定。

a. 單位為 deg/sec 時，在 1～272deg/sec 之間指定。

b. 單位為 sec 時，在 0.1～3200sec 範圍內指定移動所需時間。

c. 單位為 msec 時，在 1～32000msec 範圍內指定移動所需時間。

移動速度單位切換步驟：

① 將游標移動到移動速度上（圖 6-50）。

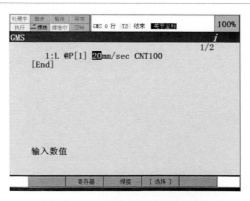

圖 6-50　移動速度單位切換界面

② 按「F4」選擇（圖 6-51）。

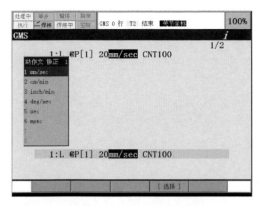

圖 6-51　選擇移動速度單位

③ 選擇要設定的單位按「ENTER」鍵確認（圖 6-52）。

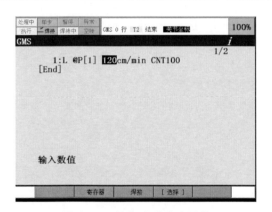

圖 6-52　切換移動速度單位

4）終止類型　終止類型定義動作指令中的機器人的動作結束方法，終止類型有以下兩種。

① FINE 定位類型　機器人在目標位置停止（定位）後，再向著下一個目標位置移動。

② CNT 定位類型　機器人靠近目標位置，但不在該位置停止，而圓滑過渡後向著下一個目標位置移動。

機器人與目標位置的接近程度，用 0～100 範圍內的值來定義。指定 0（CNT0）時，機器人在最靠近目標位置處動作，用不在目標位置定位

而開始下一個動作。指定 100（CNT100）時，機器人在目標位置附近不減速而向著下一個點開始動作，並透過最遠離目標位置的點，如圖 6-53 所示。

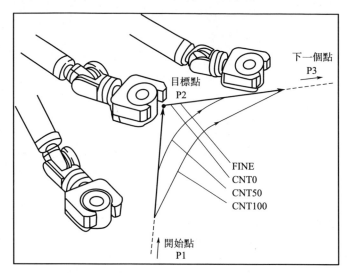

圖 6-53　終止類型

定位類型切換步驟：

① 將游標移動到定位類型上（圖 6-54）。

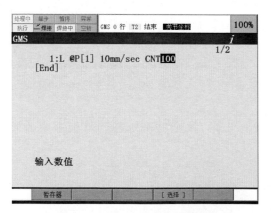

圖 6-54　定位類型切換界面

② 按「F4」選擇（圖 6-55）。

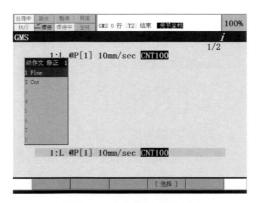

圖 6-55　定位類型選擇

③ 選擇想要設定的定位類型並按下「ENTER」鍵確認（圖 6-56）。

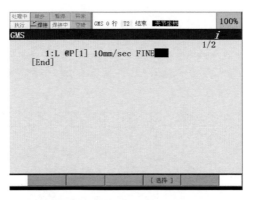

圖 6-56　定位類型切換完成

5）動作附加指令　動作附加指令是在機器人動作中使其執行特定作業的指令。動作附加指令有如下一些：

- 機械手腕關節動作指令（Wjnt）
- 加減速倍率指令（ACC）
- 跳過指令（Skip，LBL[i]）
- 位置補償指令（Offset）
- 刀具補償指令（Tool＿Offset）
- 直接刀具補償指令（Tool＿Offset，PR[i]）
- 路徑指令（PTH）
- 附加軸速度指令（同步）（EVi％）

- 直接位置補償指令（Offset，PR［i］）
- 附加軸速度指令（非同步）（Ind. EVi%）
- 預先執行指令（TIME BEFORE/TIME AFTER）

動作附加指令添加步驟：

① 將游標移動至動作指令後的空白處（圖 6-57）。

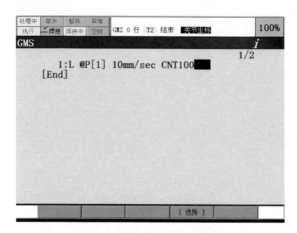

圖 6-57　動作附加指令添加界面

② 按「F4」選擇，顯示動作附加指令菜單（圖 6-58）。

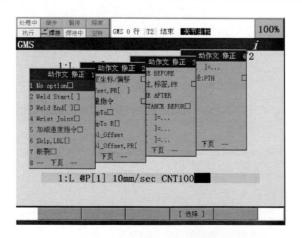

圖 6-58　選擇動作附加指令

③ 選擇要添加的動作附加指令按「ENTER」鍵確認（圖 6-59）。

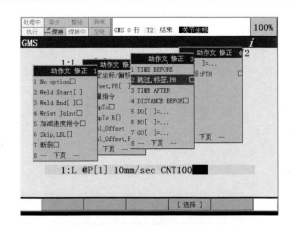

圖 6-59　添加動作附加指令完成

（2）電弧指令

電弧指令是向機器人指示何時、怎樣進行弧焊的指令。在執行弧焊開始（起弧）指令和弧焊結束（熄弧）指令之間所示教的動作指令的過程中，進行焊接。電弧指令包括弧焊開始指令（起弧）和弧焊結束指令（熄弧）。

1）弧焊開始指令（起弧指令）　弧焊開始指令（起弧指令）是使機器人開始執行弧焊的指令。弧焊開始指令有以下兩種指令形式。

① Weld Start［i，i］　Weld Start［i，i］指令是根據預先在弧焊條件畫面中所設定的焊接條件，如圖 6-60 所示，調用儲存的焊接條件指令開始進行起弧。

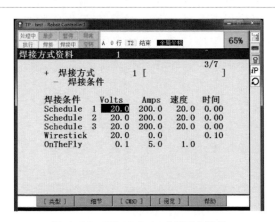

圖 6-60　Weld Start [i,i]焊接條件

例如，Weld Start[1,1]：第一個 1 代表焊接方式 1，第二個 1 代表焊接條件 Schedule 1（電壓 20V，電流 200A）。

② Weld Start［V，A，…］　Weld Start［V，A，…］指令是在程序中直接輸入焊接電壓和焊接電流（或送絲速度）後開始焊接，不調用儲存的焊接條件，如圖 6-61 所示。所指定的條件種類和數量根據焊接裝置種類的設定、模擬輸入輸出訊號數量的設定和選項加以改變。

例如，Weld Start[1，18.0V，190.0A]：1 代表焊接方式 1；焊接電壓 18V；焊接電流 190A。

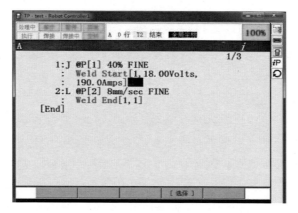

圖 6-61　Weld Start [V, A,…]焊接指令

2）弧焊結束指令（熄弧指令）　弧焊結束指令（熄弧指令）是指示機器人完成弧焊的指令。弧焊結束指令有以下兩種形式。

① Weld End［i］　Weld End［i］指令是根據預先在弧焊條件畫面中所設定的焊接熄弧參數條件，透過調用指定焊接熄弧參數條件編號所發出的指令，進行熄弧處理，完成弧焊的指令。

在焊接結束時斷開電壓和電流後，由於急劇的電壓下降而產生弧坑，所謂熄弧處理就是用於避免發生這種情況的功能。不進行熄弧處理時，必須在焊接條件中設定（處理時間＝0）。

② Weld End［V，A，sec］　Weld End[V，A，sec]指令是完成弧焊時進行的熄弧處理條件，直接輸入熄弧電壓、熄弧電流（或金屬線進給速度）和熄弧時間，如圖 6-62 所示。所指定的條件種類和數量根據焊接裝置種類的設定和模擬輸入輸出訊號數量的設定加以改變。

例如，Weld End[1，10.0V，100.0A，0.5 s]：1 代表焊接方式 1，指定熄弧電壓為 10V，熄弧電流為 100A，熄弧時間為 0.5s。

圖 6-62　Weld End[V, A, sec] 指令

電弧指令示教步驟：

① 進入編程界面（圖 6-63）。

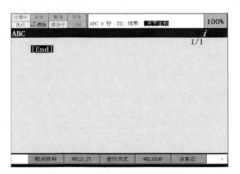

圖 6-63　電弧指令編程界面

② 按「F2」WELD＿ST，顯示標準起弧指令（圖 6-64）。

圖 6-64　標準起弧指令顯示

③ 選擇合適的指令按「ENTER」鍵（圖 6-65）。

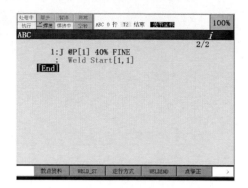

圖 6-65　電弧指令編寫

注意：

① 在移動到弧焊開始點的動作指令中，終止類型必須使用 FINE。

② 在移動到弧焊路徑點、結束點的動作指令中，請勿使用關節動作 J。

③ 在移動到弧焊結束點的動作指令中，終止類型必須使用 FINE。

④ 請將焊槍方向設定為相對焊接加工的適當角度。

⑤ 請使用適當的焊接條件。

(3) 擺焊指令

擺焊指令是使機器人執行擺焊的指令，在執行擺焊開始指令、擺焊結束指令之間所示教的動作時，執行擺焊動作。擺焊指令包括擺動開始指令（指示開始擺動的指令）和擺動結束指令（指示擺動動作結束的指令）。

1) 擺動開始指令　擺動開始指令是指示機器人開始執行擺動焊接的指令。擺動開始指令中包含以下兩種指令。

① Weave(模式)[i]　Weave(模式)[i]指令是根據預先設定好的橫擺條件，以指定模式開始橫擺的指令，如圖 6-66 所示。

圖 6-66　Weave（模式）[i] 指令

例如，Weave Sine［1］：調用擺動條件 1。

② Weave（模式）［Hz，mm　，sec，sec］　Weave（模式）［Hz，mm，sec，sec］指令是直接輸入進行橫擺時的條件（即頻率、振幅、左停止時間、右停止時間）後開始橫擺，如圖 6-67 所示，各條件參數均有各自的設定範圍。

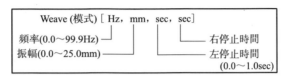

圖 6-67　Weave（模式）［Hz，mm，sec，sec］指令

例如，Weave Sine［5.0Hz，20.0mm，1.0s，1.0s］：直接輸入擺動頻率 5Hz，擺幅 20mm，左右端點各停留 1s。

2）擺動結束指令　擺動結束指令是指示機器人完成擺焊動作的指令。擺焊結束指令有以下兩種形式。

① Weave End　Weave End 指令用於結束執行過程中的所有橫擺。

② Weave End［i］　Weave End［i］指令是在程序中控制的動作組為兩組以上且程序中存在多個 Weave（模式）［i］指令的情況下使用。透過在 Weave End［i］指令中指定和 Weave（模式）［i］指令相同的橫擺條件，就可以完成由橫擺條件的運動組所指定的動作組的橫擺。

添加擺焊指令示教步驟：

① 進入編程界面（圖 6-68）。

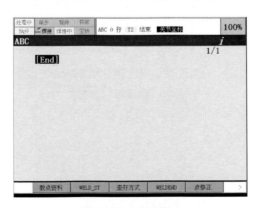

圖 6-68　編程界面

② 按「NEXT」鍵翻頁，顯示指令（圖 6-69）。

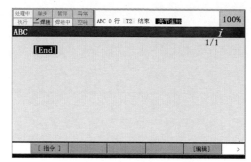

圖 6-69　翻頁顯示指令選項

③ 按「F1」指令，顯示多個指令選擇菜單（圖 6-70）。

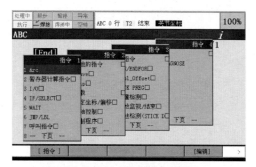

圖 6-70　顯示指令菜單

④ 選擇「Weave」擺焊指令，按「ENTER」鍵確認（圖 6-71）。

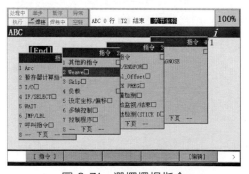

圖 6-71　選擇擺焊指令

⑤ 選擇需要添加的指令，按「ENTER」鍵確認（圖 6-72）。

圖 6-72　添加指令

⑥ 在添加的指令上設定參數（圖 6-73）。

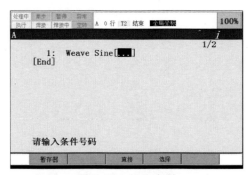

圖 6-73　設定參數

⑦ 輸入條件號 1，按「ENTER」鍵確認（圖 6-74）。

圖 6-74　輸入條件號

⑧ 或者從第 6 步按「F3」，選擇直接輸入參數（圖 6-75）。

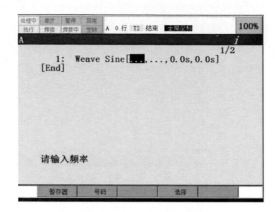

圖 6-75　直接輸入參數

6.1.4　焊接機器人示教

（1）示教點的創建

示教點創建步驟：

① 在程序編輯界面將機器人移動到指定目標位置（圖 6-76）。

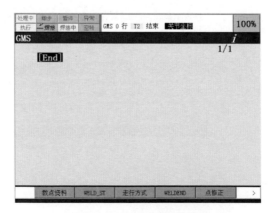

圖 6-76　程序編輯界面

② 按 F1 POINT 選擇合適的標準動作指令（圖 6-77）。

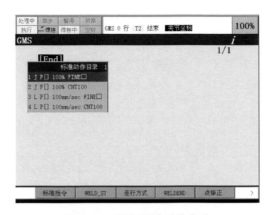

圖 6-77　選擇標準動作指令

③ 按「ENTER」確認鍵添加，若標準指令無想要添加的指令，可對標準指令進行修改，也可添加完後進行指令修改（圖 6-78）。

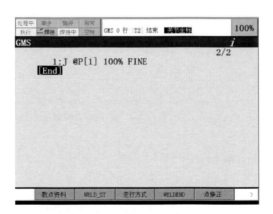

圖 6-78　添加或修改標準指令

④ 移動機器人至下一目標位置，重複上述步驟依次添加示教點。

（2）示教點的刪除、插入

示教過程中有時需要刪除除安全點外多餘的示教點，可以節省運行時間，提高效率。

示教點的刪除步驟：

① 將游標移動到想要刪除的動作指令之前的行號碼上（圖 6-79）。

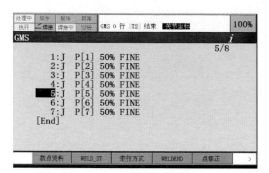

圖 6-79　示教點刪除界面

② 按 NEXT 鍵翻頁找到「編輯」菜單（圖 6-80）。

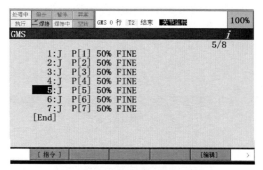

圖 6-80　翻頁顯示編輯菜單

③ 按 F5 編輯，找到「2 刪除」（圖 6-81）。

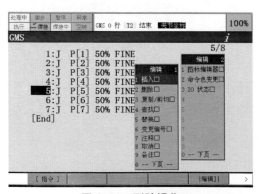

圖 6-81　刪除操作

④ 選擇刪除，按「ENTER」鍵確認（圖 6-82）。

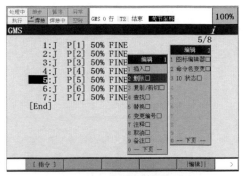

圖 6-82　刪除完成

⑤ 如刪除相鄰的多行，用↑鍵或↓鍵選擇多行，如刪除單行請忽略此步（圖 6-83）。

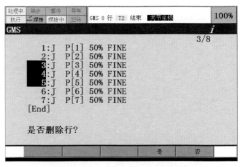

圖 6-83　相鄰多行的刪除

⑥ 按「F4」是，確認刪除（圖 6-84）。

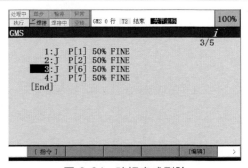

圖 6-84　確認完成刪除

　　程序中需要插入示教點時不能直接插入，如果直接添加示教點，新的動作指令會覆蓋游標所在位置的原指令，需要先插入空白行再添加指令。

空白行的插入步驟：

① 將游標移動到想要插入空白行位置的下一條動作指令的行號碼上（圖 6-85）。

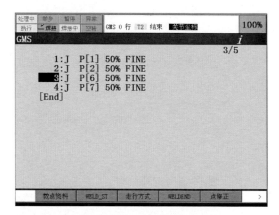

圖 6-85　空白行插入界面

② 按「NEXT」鍵翻頁，按 F5 編輯，找到「1 插入」（圖 6-86）。

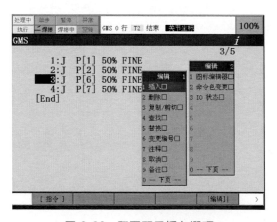

圖 6-86　翻頁顯示插入選項

③ 選擇插入按「ENTER」鍵（圖 6-87）。

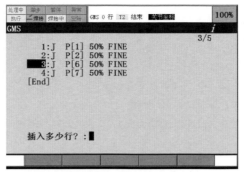

圖 6-87　插入操作

④ 輸入要插入的空白行數（圖 6-88）。

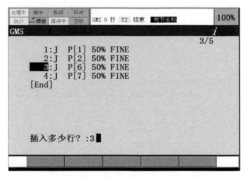

圖 6-88　輸入插入空白行數

⑤ 按「ENTER」鍵確認（圖 6-89）。

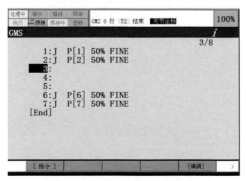

圖 6-89　插入空白行完成

（3）示教點的複製、剪切

示教點的黏貼方式有三種：

① 邏輯　不黏貼位置資訊，只黏貼程序指令；

② 位置 ID　黏貼位置資訊和位置號；

③ 位置數據　黏貼位置資訊，但不黏貼位置號。

示教點的複製/剪切步驟：

① 將游標移動到需要複製/剪切的指令前的行號碼上（圖 6-90）。

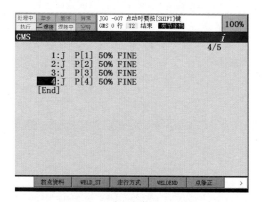

圖 6-90　示教點複製/剪切界面

② 按「NEXT」翻頁，找到「編輯」（圖 6-91）。

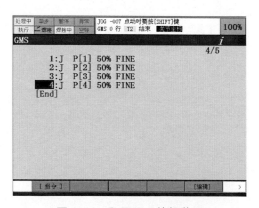

圖 6-91　翻頁顯示編輯菜單

③ 按「F5」編輯（圖 6-92）。

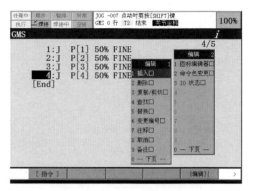

圖 6-92　顯示複製/剪切指令

④ 選擇「複製/剪切」，並按「ENTER」鍵（圖 6-93）。

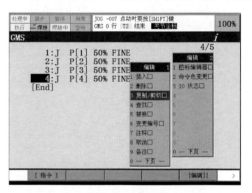

圖 6-93　選擇並完成複製/剪切操作

⑤ 按「F2」選擇，透過上下移動游標來選擇一行或多行（圖 6-94）。

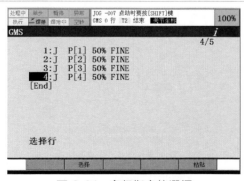

圖 6-94　多行指令的選擇

⑥ 按「F2」複製或「F3」剪切（圖 6-95）。

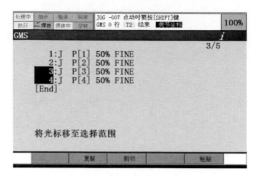

圖 6-95　複製或剪切操作

⑦ 移動游標到需要黏貼位置下一行指令的行號碼上（圖 6-96）。

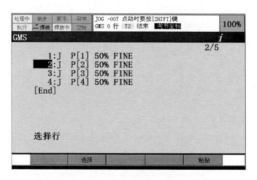

圖 6-96　黏貼指令界面

⑧ 按「F5」黏貼（圖 6-97）。

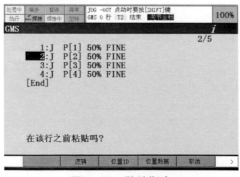

圖 6-97　黏貼指令

⑨ 按「F2」邏輯或「F3」位置 ID 或「F4」位置數據進行黏貼（圖 6-98）。

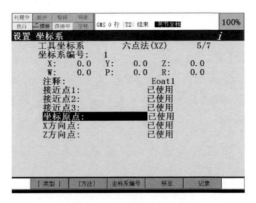

圖 6-98　黏貼指令完成

6.1.5　編程示例

（1）直焊縫編程示例

1）示例：單條直線焊縫　單條直線焊接編程示教參考位置點如圖 6-99 所示，程序編寫如圖 6-100 所示。

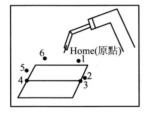

圖 6-99　單條直線焊縫示意圖

圖 6-100　單條直線焊縫編程指令

2）編程詳解

① 設定機器人安全點 1　安全點應盡可能遠離工件或工裝，處在一個較為安全的位置，避免機器人影響工件上下料。

② 設定接近起弧點 2　在即將到達起弧點之前設定一個接近點，若設定的安全點 1 與起弧點之間有障礙物，可在兩者之間多設幾個點來避開障礙物。

③ 設定起弧點 3　圖 6-100 中第 3 條指令所示，到達起弧點的終止類

型必須為 FINE，保證機器人準確到達起弧點位置。

④ 設定熄弧點 4　圖 6-100 中第 4 條指令所示，在直線焊縫之間運動類型必須為 L，保證機器人運行軌跡與焊縫一致，且到達熄弧點的終止類型必須為 FINE，保證機器人準確到達熄弧點位置。

⑤ 設定接近熄弧點 5　待焊接過程結束後，在熄弧點和安全點之間設定一個點以避開障礙物。

⑥ 設定機器人安全點 6　焊接過程結束，將機器人移至安全位置，避免影響上下料過程。

（2）圓弧焊縫編程示例

1）示例：圓弧焊縫　圓弧焊接編程示教參考位置點如圖 6-101 所示，程序編寫如圖 6-102 所示。

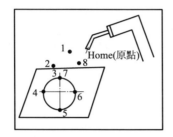

圖 6-101　圓弧焊縫示意圖

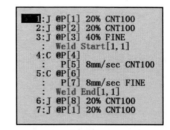

圖 6-102　圓弧焊縫編程指令

2）編程詳解

① 設定機器人安全點 1　安全點應盡可能遠離工件或工裝，處在一個較為安全的位置，避免機器人影響上下料。

② 設定接近起弧點 2　在即將到達起弧點之前設定一個點，若設定的安全點 1 與起弧點之間有障礙物，可在兩者之間多設幾個點來避開障礙物。

③ 設定起弧點 3　圖 6-102 中第 3 條指令所示，到達起弧點的終止類型必須為 FINE，保證機器人準確到達起弧點位置。

④ 設定第一段圓弧的中間點 4 和終點 5　起弧點 3 為第一段圓弧的起點，插入圓弧指令，設定第一段圓弧的中間點 4 和終點 5，終止類型必須為 CNT，使機器人平滑過渡。

⑤ 設定第二段圓弧的中間點 6 和終點 7　第一段圓弧的終點即為第二段圓弧的起點，插入圓弧指令，設定第二段圓弧的中間點 6 和終點 7，終點 7 即為焊接熄弧點，添加熄弧指令，熄弧點的終止類型必須為

FINE。

⑥ 設定接近熄弧點 8　焊接過程結束以後，在熄弧點和安全點之間設定一個點以避開障礙物。

⑦ 設定機器人安全點 1　焊接過程結束後，將機器人移至安全位置，不要影響上下料過程。

6.1.6　程序運行模式

程序編寫完畢並確認無誤後，可以執行手動操作或自動執行程序。

（1）手動執行模式

手動執行程序步驟：

① 握住教導器，將教導器的啓用開關置於「ON」（圖 6-103）。

② 將單步執行設置為無效。按下「STEP」鍵，使得教導器上的軟體 LED 的單步成為綠色狀態，即連續模式（圖 6-104）。

圖 6-103　開啓教導器的啓用開關　　　　圖 6-104　設置連續模式

③ 按下倍率鍵，將速度倍率設置為 100％（圖 6-105）。

圖 6-105　設置速度倍率

④ 將焊接狀態設置為有效。在按住「SHIFT」鍵的同時按下「Weld

Enbl」鍵，使得教導器上的軟體 LED 的「焊接」成為綠色狀態，即焊接打開（圖 6-106）。

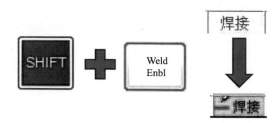

圖 6-106　焊接打開

⑤ 向前執行程序。進入程序，將游標移至程序第一行最左端，輕按背部一側安全開關，在按住「SHIFT」的同時按下「FWD」鍵，向前執行程序（圖 6-107）。

圖 6-107　向前執行程序

(2) 自動執行模式

自動執行程序步驟：

① 在所要執行的程序界面，將游標移至第一行程序的最左端，然後執行手動執行程序步驟中的第②～④步。

② 將教導器的啓用開關置於「OFF」，並將控制櫃操作面板的模式選擇開關置於「AUTO」（圖 6-108）。

圖 6-108　設置啓用開關和模式選擇開關

③ 按下「RESET」鍵清除教導器報警，按下外部自動啟動按鈕，自動執行程序（圖 6-109）。

④ 如未自動執行程序，教導器界面顯示如下提示，選擇「是」，按下「ENTER」鍵，然後再次按下外部自動按鈕鍵，將自動執行程序（圖 6-110）。

圖 6-109　啟動自動執行程序

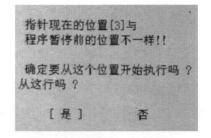

圖 6-110　處理未自動執行程序

6.2　機器人離線編程技術

機器人離線編程系統是利用電腦圖形學的成果建立起機器人及其工作環境的幾何模型，再利用一些規畫算法，透過對圖形的控制和操作，在離線的情況下進行軌跡規劃。透過對編程結果進行 3D 圖形動畫仿真，檢驗編程的正確性，最後將生成的代碼傳到機器人控制櫃，以控制機器人運動，完成給定任務。機器人離線編程軟體界面如圖 6-11 所示。

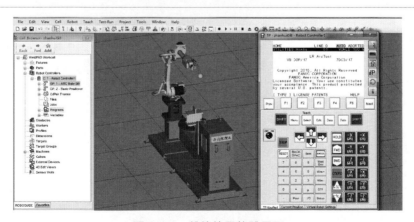

圖 6-111　離線編程軟體界面

6.2.1 機器人離線編程特點

離線編程系統具有龐大的模式數據庫，以焊接行業為例，已建成的外部軸系統可覆蓋焊接行業用到的所有變位裝置，並可開發出具有實用價值的功能模塊。

（1）方案設計、過程仿真

優化焊接順序（如圖 6-112 所示）、驗證可達率（如圖 6-113 所示）。

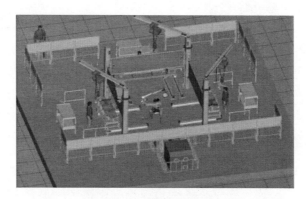

圖 6-112　優化焊接順序

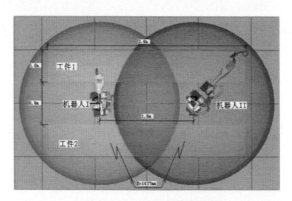

圖 6-113　工作範圍演示

（2）生產節拍估算

指導方案及生產流程的改進，生產節拍估算表格如圖 6-114 所示。

名　稱	拖拉机驾驶舱			尺　寸			焊接工艺		MIG	
材　質	Q235	(焊丝)	JM-56	重　量			焊丝直径		1	

焊縫序号	焊縫長度(mm)	焊縫形式	焊角高度(mm)	焊接速度(mm/s)	起弧收弧(s)	空运行(s)	导位用时(s)	上料用时(s)	下料用时(s)	焊接用时(s)	合计用时(s)	优化后用时(s)焊工位时调整	设备利用率
1	20	搭接	3	18	1	2	0						
2	20	搭接	3	18	1	2	0						
3	20	搭接	3	18	1	2	0						
4	20	搭接	3	18	1	2	0						
5	20	搭接	3	18	1	2	0						
6	20	搭接	3	18	1	2	0						
7	20	搭接	3	18	1	2	0						
8	20	搭接	3	18	1	2	0						
9	20	搭接	3	18	1	2	0						
10	20	搭接	3	18	1	2	0						
11	20	搭接	3	18	1	2	0						
12	20	搭接	3	18	1	2	0						
13	20	搭接	3	18	1	2	0						
14	20	搭接	3	18	1	2	0						
15	20	搭接	3	18	1	2	0						
16	20	搭接	3	18	1	2	0						
17	20	搭接	3	18	1	2	0						
18	20	搭接	3	18	1	2	0						
19	20	搭接	3	18	1	2	0						
20	20	搭接	3	18	1	2	0						

圖 6-114　生產節拍估算表格

（3）離線編程

指導焊接編程，如圖 6-115 所示。

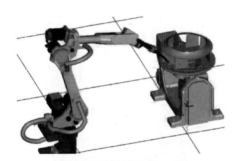

(a) 設備整體方案

(b) 指定焊接軌跡

(c) 程序自動生成

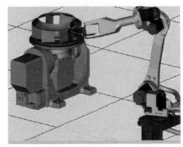

(d) 仿真並確認機器人軌跡

圖 6-115　離線編程過程

與示教編程相比，離線編程系統具有如下優點。

① 減少機器人停機時間，進行下一任務編程時，機器人仍可在生產線上工作。

② 編程者遠離危險的工作環境，改善編程環境。

③ 離線編程系統使用範圍廣，可對多種機器人進行編程，並能方便地實現優化編程。

④ 便於和 CAD/CAM 系統結合，實現 CAD/CAM/ROBOTICS 一體化。

⑤ 可使用高級電腦編程語言對複雜任務進行編程。

⑥ 適應少量、多品種的產品快速編程。

⑦ 便於修改機器人程序。

6.2.2 離線編程系統組成

機器人離線編程系統不僅要在電腦上建立起機器人系統的物理模型，而且要對其進行編程和動畫仿真，以及對編程結果後置處理。因此，機器人離線編程系統主要包括以下模塊：CAD 建模、圖形仿真、離線編程、感測器以及後置處理等。

（1）CAD 建模

CAD 建模需要完成零件建模、設備建模、系統設計和布置、幾何模型圖形處理等任務。因為利用現有的 CAD 數據及機器人理論結構參數所構建的機器人模型與實際模型之間存在誤差，所以必須對機器人進行標定，對其誤差進行測量、分析並不斷校正所建模型，如圖 6-116 所示。

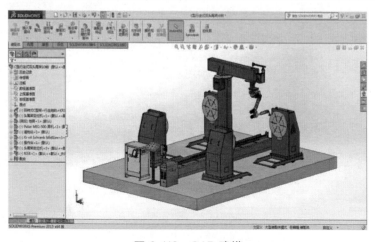

圖 6-116　CAD 建模

（2）圖形仿真

　　離線編程系統的一個重要作用是離線調試程序，而離線調試最直覺有效的方法是在不接觸實際機器人及其工作環境的情況下，利用圖形仿真技術模擬機器人的作業過程，提供一個與機器人進行交互作用的虛擬環境。電腦圖形仿真是機器人離線編程系統的重要組成部分，它將機器人仿真的結果以圖形的形式顯示出來，直覺地顯示出機器人的運動狀況，從而得到從數據曲線或數據本身難以分析出來的許多重要資訊，離線編程的效果正是透過這個模塊來驗證的，圖形仿真如圖 6-117 所示。

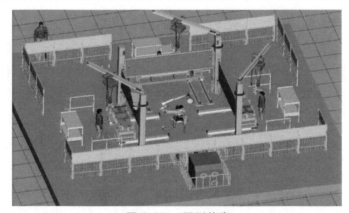

圖 6-117　圖形仿真

（3）離線編程

　　離線編程模塊一般包括機器人及設備的作業任務描述（包括路徑點的設定）、建立變換方程、求解未知矩陣及編制任務程序等。在進行圖形仿真以後，根據動態仿真的結果，對程序做適當修正，以達到滿意的效果，最後在線控制機器人運動以完成作業，如圖 6-118 所示。

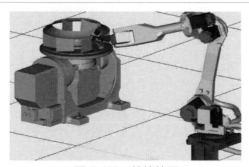

圖 6-118　離線編程

（4）感測器

利用感測器的資訊能夠減少仿真模型與實際模型之間的誤差，增加系統操作和程序的可靠性，提高編程效率。對於有感測器驅動的機器人系統，由於感測器產生的訊號會受到多方面因素的干擾（如光線條件、物理反射率、物體幾何形狀以及運動過程的不平衡性等），使得基於感測器的運動不可預測。感測器技術的應用使機器人系統的智慧性大大提高，機器人作業任務已離不開感測器的引導。因此，離線編程系統應能對感測器進行建模，生成感測器的控制策略，對基於感測器的作業任務進行仿真。

（5）後置處理

後置處理的主要任務是把離線編程的源程序編譯為機器人控制系統能夠識別的目標程序。即當作業程序的仿真結果完全達到作業的要求後，將該作業程序轉換成目標機器人的控制程序和數據，並透過通訊介面下裝到目標機器人控制櫃，驅動機器人完成指定的任務。

6.2.3　離線編程仿真軟體及其使用

以 FANUC 機器人 ROBOGUIDE 仿真軟體為例，它是以一個離線的三維世界為基礎進行模擬，在這個三維世界中模擬現實中的機器人和周邊設備的布局，透過其中的 TP 示教，進一步模擬它的運動軌跡。ROBOGUIDE 是一款核心應用軟體，具體還包括搬運、弧焊、噴塗和點焊等其他模塊。ROBOGUIDE 的仿真環境界面是傳統的 Windows 界面，由菜單欄、工具欄、狀態欄等組成。

（1）仿真軟體概述

1）界面簡潔（如圖 6-119 所示）

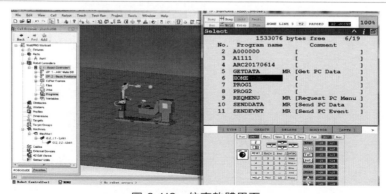

圖 6-119　仿真軟體界面

2）資源列表比較豐富，包含各種焊接用設備資源（如圖 6-120 所示）

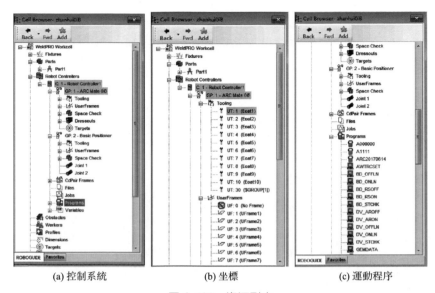

(a) 控制系統　　　　　　(b) 坐標　　　　　　(c) 運動程序

圖 6-120　資源列表

3）進行運動軌跡模擬（如圖 6-121 所示）

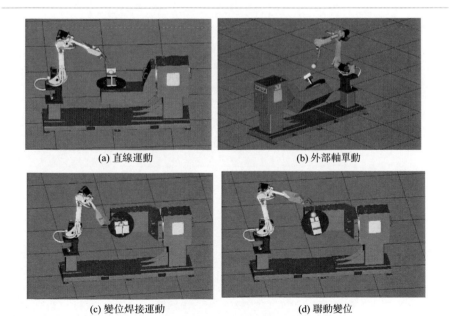

(a) 直線運動　　　　　　　　　　(b) 外部軸單動

(c) 變位焊接運動　　　　　　　　(d) 聯動變位

圖 6-121　模擬運動

（2）仿真軟體使用

1）軟體安裝　本書所用軟體版本號為 Roboguide V7.7，正確安裝步驟如下：首先打開軟體包中的 Roboguide V7.7 \ setup. exe 進行安裝，如果需要用到變位機協調功能，還要安裝 MultiRobot Arc Package，如圖 6-122 所示。

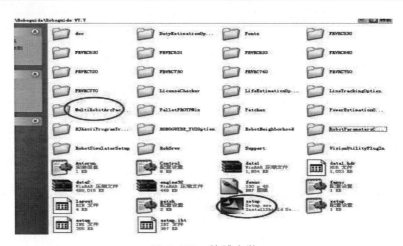

圖 6-122　軟體安裝

2）新建 Workcell 的步驟　打開 ROBOGUIDE 後進入界面一，如圖 6-123 所示，單擊工具欄上的按鈕「File」，建立一個新的工作環境「New Cell」，進入界面二，如圖 6-124 所示。選擇需要的仿真類型，這裡包括搬運、噴塗、弧焊等，選擇新建機器人焊接工作站「WeldPRO」，確定後單擊「Next」，進入界面三。

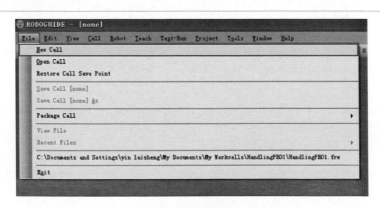

圖 6-123　界面一

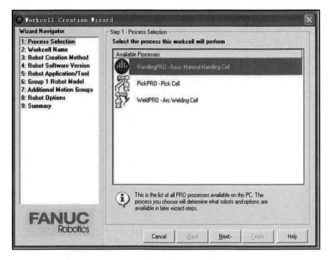

圖 6-124　界面二

　　界面三如圖 6-125 所示，需要給仿真工作站命名，即在「Name」中輸入仿真的名字（中英文均可），也可以用默認的命名。命名完成後單擊「Next」，進入界面四，如圖 6-126 所示。創建機器人的方式，這裡選擇第一個，創建一個新的機器人，然後單擊「Next」進入界面五。

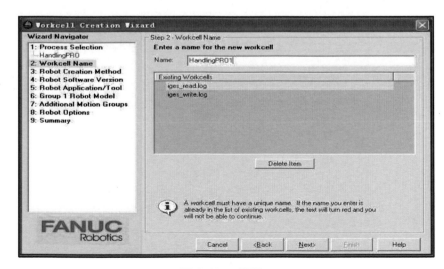

圖 6-125　界面三

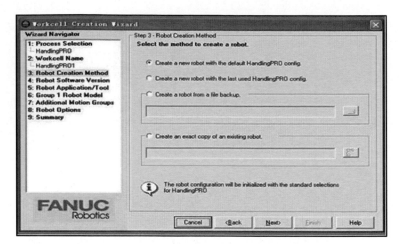

圖 6-126　界面四

　　界面五如圖 6-127 所示。選擇一個安裝在機器人上的軟體版本（版本越高功能越多），然後單擊「Next」，進入界面六，如圖 6-128 所示。根據仿真的需要選擇合適的工具，如點焊工具、弧焊工具、搬運工具，然後單擊「Next」，進入界面七。

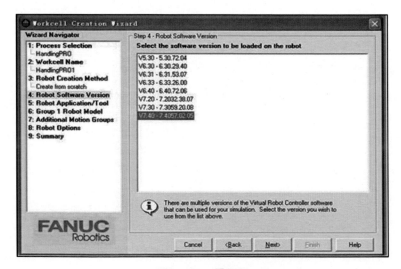

圖 6-127　界面五

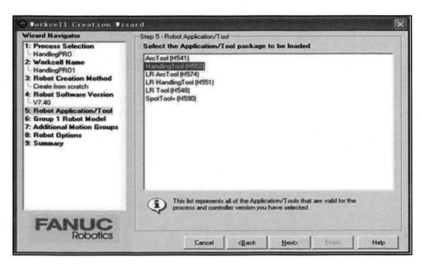

圖 6-128　界面六

　　界面七如圖 6-129 所示，選擇仿真所用的機器人型號，這裡幾乎包含了所有的機器人類型，然後單擊「Next」，進入界面八，如圖 6-130 所示。當需要添加多臺機器人時，可以在這裡繼續添加，然後單擊「Next」，進入界面九。

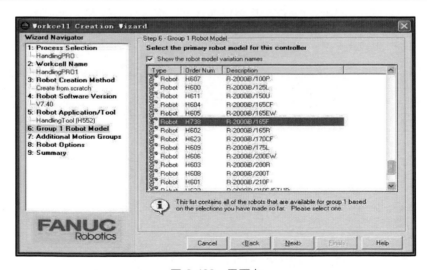

圖 6-129　界面七

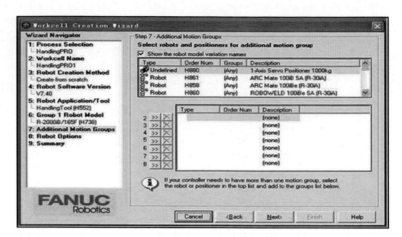

圖 6-130　界面八

　　界面九如圖 6-131 所示，選擇各類其他軟體，將它們用於仿真，許多常用的附加軟體，如 2D、3D 視覺應用和附加軸等，都可以在這裡添加，同時也可以切換到 Languages 選項卡裡設置語言環境，默認的是英語。然後單擊「Next」，進入界面十，如圖 6-132 所示。這裡列出了之前所有選擇的內容，是一個總的目錄。如果確定之前沒有錯誤，就單擊「Finish」；如果需要修改，可以單擊「Back」退回之前的步驟去做進一步修改。這裡單擊「Finish」，完成工作環境的建立，進入仿真環境，如圖 6-133 所示。

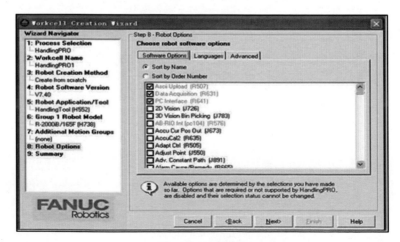

圖 6-131　界面九

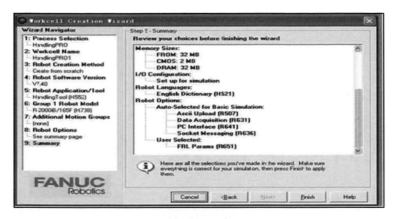

圖 6-132　界面十

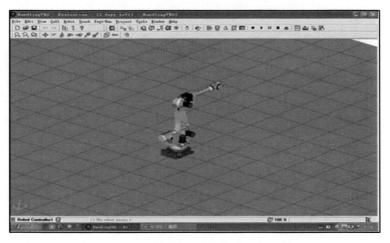

圖 6-133　仿真環境

3）基本操作

① 對模型窗口的操作　鼠標可以對仿真模型窗口進行移動、旋轉、放大/縮小等操作。

移動：按住中鍵，並拖動。

旋轉：按住右鍵，並拖動。

放大/縮小：同時按左右鍵，並前後移動；另一種方法是直接滾動滾輪。

② 改變模型位置的操作

移動：將鼠標箭頭放在某個綠色座標軸上，箭頭顯示為手形並有座標軸標號 X、Y 或 Z，按住左鍵並拖動，模型將沿此軸方向移動；或者將鼠標放在座標上，按住鍵盤上 Ctrl 鍵，按住鼠標左鍵並拖動，模型將沿任意方向移動。

旋轉：按住鍵盤上 Shift 鍵，鼠標放在某座標軸上，按住左鍵並拖動，模型將沿此軸旋轉。

③ 機器人運動的操作　用鼠標可以實現機器人 TCP 點快速運動到目標面、邊、點或者圓中心，方法如下。

運動到面：Ctrl＋Shift＋左鍵。

運動到邊：Ctrl＋Alt＋左鍵。

運動到頂點：Ctrl＋Alt＋Shift＋左鍵。

運動到中心：Alt＋Shift＋左鍵。

也可用鼠標直接拖動機器人的 TCP 使機器人運動到目標位置，運動的方式與改變模型位置的方式一樣。

4）添加設備

① 三維模型的導入　ROBOGUIDE 可以加載各類實體對象，這些對象可以分成兩部分，一部分是 ROBOGUIDE 自帶的模型，另一部分是可以透過其他三維軟體導出的 igs 或 iges 格式的模型文件。具體操作步驟如下。

單擊菜單欄上的 Cell—Add Fixture—CAD Library，出現如圖 6-134 所示對話框，主要加載 ROBOGUIDE 自帶的庫模型文件，包括各類焊

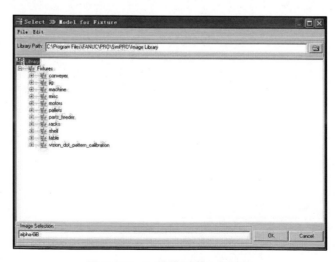

圖 6-134　三維模型導入對話框

槍、加工中心、注塑機等。或者單擊菜單欄上的 Cell—Add Fixture—Single CAD File，出現文件瀏覽對話框，主要加載由其他三維軟體如 Solidworks、CATIA、UG 等所導出的 igs 格式的三維模型。

② 添加焊槍並設定 TCP　如圖 6-135 所示，在 Cell Browser 中找到 Robot Controllers—C：1-Robot Controller1—GP：1-M-10iA/12（添加的機器人型號）—Tooling—UT：1（Eoat1），右擊選擇 Add Link—CAD Library，進入焊槍選擇界面。

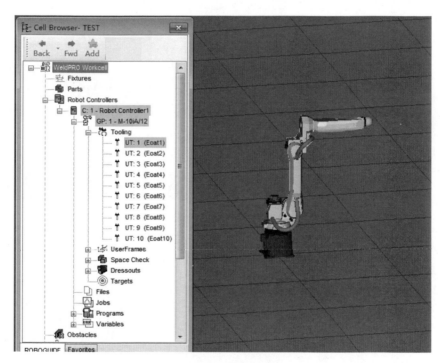

圖 6-135　添加焊槍

如圖 6-136 所示，彈出焊槍模型庫，在模型庫中將 Library—EOATs—weld_torches 展開，選擇合適的焊槍。

選好焊槍後點擊右下角的 OK 鍵，焊槍出現在機器人第六軸上，並彈出 Link1，UT：1（Eoat1）對話框（也可透過雙擊 Cell Browser 中 Link1 調出），如圖 6-137 所示。

關閉 Link1，UT：1（Eoat1）對話框窗口，並雙擊 Cell Browser—UT：1（Eoat1），如圖 6-138 所示，在彈出的對話框中選擇 UTOOL，點擊 Edit UTOOL，調整 TCP 位置及角度，設定時，可用鼠標直接拖動綠

色小球到焊絲尖端後點擊 Use Current Triad Location，就會自動算出 X、Y、Z 值，再填寫 W、P、R 值。也可直接輸入所有數值，點擊 Apply，焊槍配置完成。

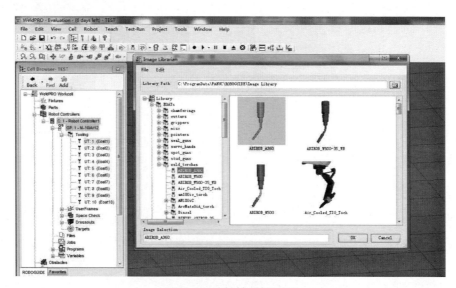

圖 6-136　焊槍選擇界面

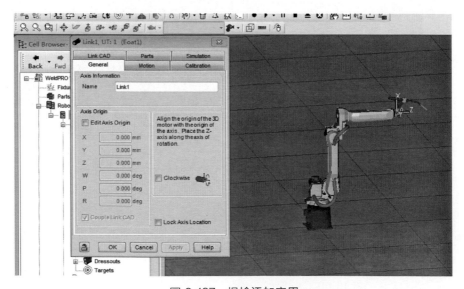

圖 6-137　焊槍添加完畢

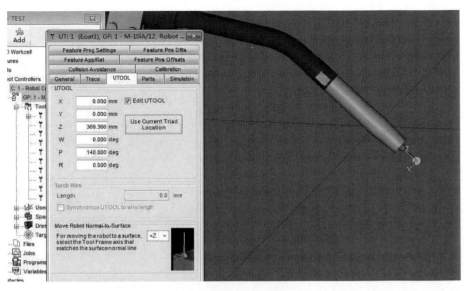

圖 6-138　TCP 設定

③ 添加外部軸　以單軸變位機為例，添加外部軸步驟如下。

右擊 Cell Browser 中的 Machines，選擇 Add Machine—CAD Library，進入如圖 6-139 所示的界面。

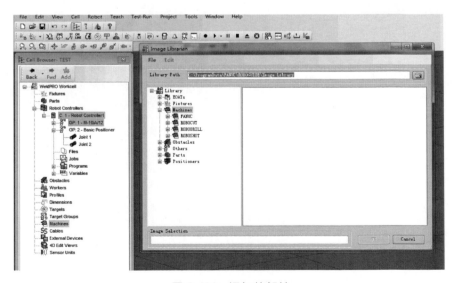

圖 6-139　添加外部軸

　　點擊 Library—Positioners 展開，進入外部軸選擇界面，如圖 6-140
所示，選擇合適的外部軸變位設備，點擊 OK。

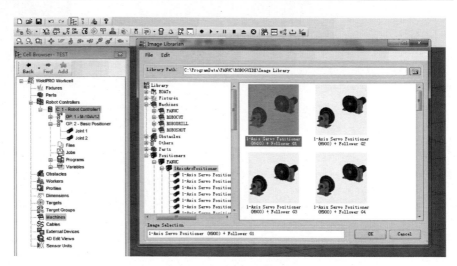

圖 6-140　外部軸選擇界面

　　手動拖動座標或直接輸入數值調整變位機位置，點擊 Lock All Loca-
tion Values 鎖定變位機位置，變位機添加完畢，如圖 6-141 所示。

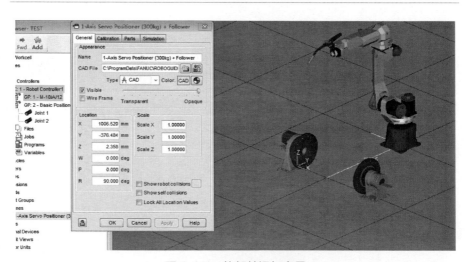

圖 6-141　外部軸添加完畢

　　④ 添加試焊件　在 Cell Browser 中右擊 Parts—Add Part—single
CAD file，在電腦中選擇已經建好的試焊件 IGS 模型，如圖 6-142 所示，

點擊打開，試焊件模型將被添加至工作組中。

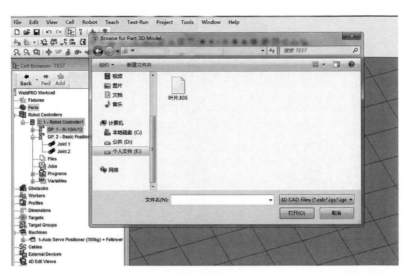

圖 6-142　添加試焊件

　　然後需要將試焊件添加到變位機上，雙擊所添加的變位機，彈出如圖 6-143 所示的對話框。

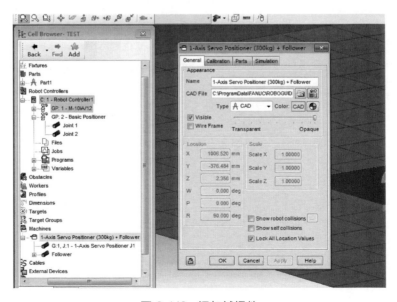

圖 6-143　添加試焊件

選擇 Parts，勾選 part1，點擊 Apply，工件便與變位機關聯，如圖 6-144
所示。然後點擊 Edit Part Offset，調整工件與變位機的相對位置，調整
後點擊 Apply，工件便被置於變位機上。

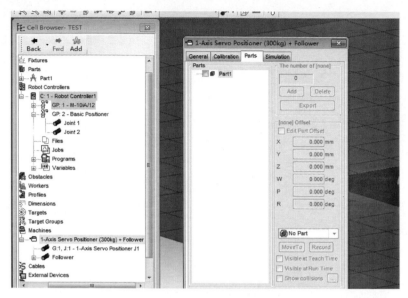

圖 6-144　調整工件與變位機的相對位置

⑤ 添加外圍設備　右擊瀏覽器中的 Obstacles，依次點選 Add Obsta-
cle/CAD Library，如圖 6-145 所示。進入外圍設備模型選擇界面如圖 6-146
所示，可以選擇的設備模型包括焊接電源、防護圍欄、外部按鈕站、氣瓶
等，選中需要的模型，點擊 OK，相應模型就被添加到 workcell 中。

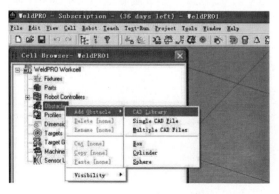

圖 6-145　添加外圍設備

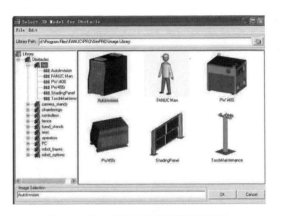

圖 6-146　外圍設備模型選擇界面

　　在彈出的模型設置對話框中修改模型的位置，可以直接輸入位置數據，也可用鼠標直接拖動模型中的三個座標軸，如圖 6-147 所示。

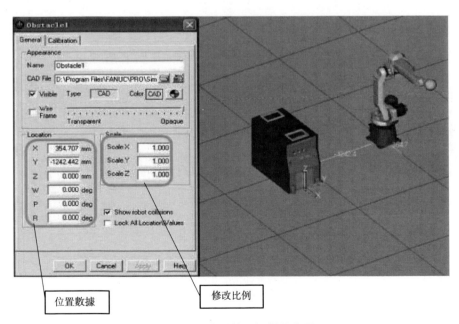

圖 6-147　移動外圍設備的位置

　　按照上述各添加步驟，依次添加整個工作站所需設備，完成整個工作站的建立，如圖 6-148 所示。

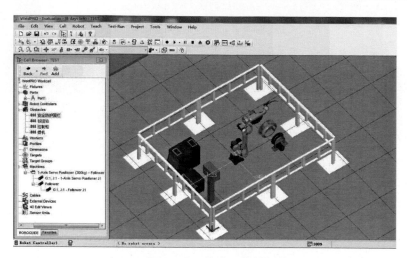

圖 6-148　仿真工作站

第7章

典型焊接機器人
系統應用案例

焊接機器人工作站主要有弧焊機器人、點焊機器人、激光焊接機器人和攪拌摩擦焊機器人工作站等類型，基本系統主要由機器人本體、焊接裝備、工裝夾具及其他輔助設備構成。

7.1 弧焊機器人系統

弧焊機器人具有焊接質量穩定、改善工人勞動條件、提高勞動生產率等特點，廣泛用於工程機械、通用機械、金屬結構和兵器等行業。典型的弧焊機器人工作站主要包括機器人系統（機器人本體、機器人控制櫃、教導器），焊接電源系統（焊機、送絲機、焊槍、焊絲盤支架），焊槍防碰撞感測器，變位機，焊接工裝夾具，清槍站，電氣控制系統（PLC控制櫃、外部操作按鈕站、HMI觸摸屏），安全系統（圍欄、安全光柵）和排煙除塵系統等，如圖7-1所示。

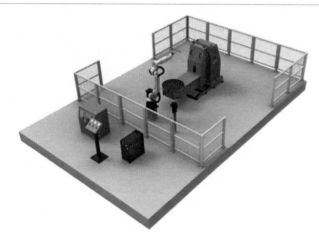

圖 7-1　典型弧焊機器人工作站

7.1.1 工程機械行業-抽油機方箱、驢頭焊接機器人工作站

抽油機是開採石油的一種機器設備，俗稱「磕頭機」，主要由驢頭-游梁-連桿-曲柄機構、減速箱、動力設備和輔助裝備等組成，如圖7-2所示。工作時，電動機的轉動經變速箱、曲柄連桿機構變成驢頭的上下運動，驢頭經光桿、抽油桿帶動井下抽油泵的柱塞做上下運動，從而不斷地把井中的原油抽出井筒。

圖 7-2　抽油機

（1）抽油機方箱、驢頭焊接機器人工作站

抽油機方箱（圖 7-3）焊接機器人工作站是由焊接機器人本體、焊接電源、三軸龍門架、頭尾架變位機、電氣控制櫃及其他外圍設備組成的，系統布置如圖 7-4 所示。

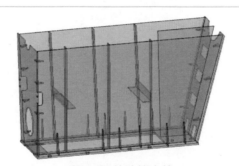

圖 7-3　抽油機方箱

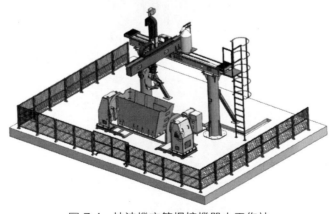

圖 7-4　抽油機方箱焊接機器人工作站

　　機器人龍門架 X 向移動範圍為 3000mm，Y 向移動範圍為 1500mm，Z 向移動範圍為 2000mm，用普通交流伺服驅動。焊接機器人與龍門架完美結合，最大限度地優化有效焊接區域（焊接區域長度為 3000mm＋2×1610mm，寬度為 1500mm＋2×1610mm；待焊工件最大長度為 2710mm，最大焊接寬度範圍為 1860mm），使機器人能夠完成所有焊縫的焊接。如果待焊工件的焊縫較為複雜，機器人的可達範圍將在一定範圍內有所減小。

　　抽油機驢頭（圖 7-5）焊接機器人工作站是由焊接機器人、焊接電源、倒掛式行走導軌、頭尾架變位機、電氣控制櫃及其他外圍設備組成的，系統布置如圖 7-6 所示。機器人橫向移動範圍為 6000mm，上下移動範圍 2000mm，用交流伺服驅動，擴大了機器人的工作範圍，不僅滿足工件焊接要求，同時降低設備成本。

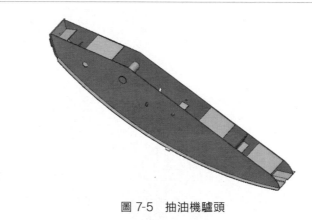

圖 7-5　抽油機驢頭

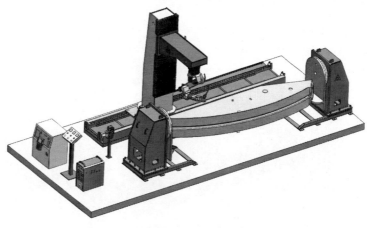

圖 7-6　抽油機驢頭焊接機器人工作站

驢頭工件的結構特點決定了驢頭內部焊縫較為複雜，因此內部焊縫難以完成焊接。採用倒掛式行走導軌，將機器人倒掛，可以使機器人伸到驢頭內部，焊接盡量多的焊縫。

（2）工藝分析

焊接工件表面應盡量清潔無油，且滿足工件圖紙尺寸公差要求；角接焊縫組對間隙超過 2mm 時先用手工打底補焊，焊縫起始端 1mm 內無拼焊點，工件上下料應保證良好的一致性。

系統焊接工作流程如圖 7-7 所示。

① 準備工序　焊接工件按圖紙要求組對點焊。

② 安裝工件　操作工進入機器人工作區，將工件放置到待焊工位，透過夾具將待焊工件與工裝連接在一起。

③ 機器人焊接　操作工回到安全位置，按下啟動按鈕，機器人從設定的位置開始實現自動焊接。

④ 工件卸裝　焊接結束後，操作工再次進入機器人工作區，卸下工件。

⑤ 如此循環作業。

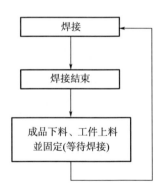

圖 7-7　焊接工作流程示意圖

（3）焊接效果

抽油機焊接機器人工作站如圖 7-8 所示，為保證焊接品質和焊接效率，機器人系統配置了完善的自保護功能和弧焊數據庫，主要包含原始路徑再繼續、故障自診斷、焊縫尋位功能、多層多道功能、專家數據庫、擺動功能、清槍剪絲等功能，焊接效果如圖 7-9 所示。

圖 7-8　焊接工作站

圖 7-9　焊接效果

7.1.2　建築工程行業-建築鋁模板焊接機器人工作站

（1）建築鋁模板焊接機器人工作站

　　鋁模板是由鋁型材或鋁板材、支撐系統、緊固系統、附件系統構成的，模板系統構成混凝土結構施工所需的封閉面，保證混凝土澆灌時建築結構成型，如圖 7-10 所示。

圖 7-10　建築鋁模板應用

建築鋁模板焊接機器人工作站是由焊接機器人本體、焊接電源、焊接工作檯、電氣控制櫃及其他外圍設備組成的，系統布置如圖 7-11 所示。高度智慧化、柔性化焊接機器人配套使用數位化脈衝逆變焊機，再結合靈活可變的工裝夾具可實現多種規格鋁模板的焊接，並獲得良好的焊接效果。

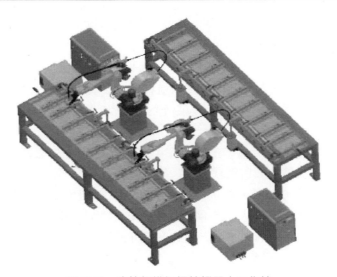

圖 7-11　建築鋁模板焊接機器人工作站

（2）焊接工裝

工裝夾具採用了氣動翻轉裝置和精確定位裝置，如圖 7-12 所示。氣動翻轉減少了裝卸工件的時間，精確定位裝置保證了加強筋位置的準確

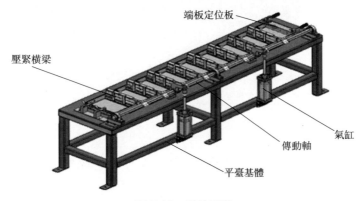

圖 7-12　焊接工裝

性。工作檯採用固定式結構，工件以定位塊定位簡單實用，根據工件實際尺寸與結構的不同，每個橫拉筋橫桿可隨意調整位置，氣泵控制壓桿的升降只需一鍵操作即可完成，快捷準確。

（3）焊接工作流程

建築鋁模板焊接機器人工作站採用雙機器人雙工位工作模式，兩臺機器人同時焊接同一工件，焊接完畢後，再同時轉到另一工位進行同時焊接。具體工作流程如下。

① 安裝工件　操作工人進入機器人工作區，根據定位基準將新的板槽放置於焊接臺上，然後按下橫桿翻轉開關，橫桿自動翻轉至水平位置，人工將加強板順次貼合到橫桿的定位基準上，並鎖緊夾鉗，焊前安裝完畢。

② 機器人焊接　操作工安裝完畢後回到安全位置，按下機器人啓動按鈕，機器人調用示教程序，從設定的位置開始進行自動焊接。

③ 工件卸裝　焊接結束後機器人跳轉到另一個工位進行焊接，操作工再次進入機器人工作區，打開橫桿翻轉開關，卸下已經焊完的工件，並將新的工件裝夾在工作檯上，等待機器人焊接。

④ 如此循環工作。

（4）焊接效果及生產節拍分析

機器人焊接焊縫過程中，飛濺明顯減小，焊縫表面光滑、成型均勻，不存在咬邊等缺陷，有效地提高了焊縫品質，焊接效果如圖 7-13 所示。

圖 7-13　焊接效果

目前對於鋁合金模板的生產，大多數企業都採用人工焊接，存在著焊接效率低、產量不穩定、焊接品質不易控制、焊接變形量大等問題，而機器人焊接技術的應用可以有效地解決以上問題，特別是在提高生產效率上表現突出。下面就機器人焊接和傳統的手工焊接在生產效率方面

進行對比。

手工焊生產節拍計算：

手工焊時間＝工件焊接時間＋上下料時間＋裝夾工件時間＋工人休息時間

機器人焊接生產節拍計算：

機器人焊時間＝工件焊接時間（雙機器人雙工位焊接，工件裝卸與另一工件的焊接過程同步）

以某客戶現場焊接結果為例，首先對兩種、每種20個工件的加工時間進行不定期隨機抽查，然後精確計算後平均到每個工件的生產時間見表7-1。

表 7-1　焊接效率對比

工件序號	工件尺寸 /m×m	單件工件手工焊 時間/min	單件工件機器人焊 時間/min	效率倍數/倍
1	1.2×0.6	6	2.5	2.4
2	2.7×0.6	11	5	2.2

第一種工件，機器人焊接效率是手工焊的 2.4 倍；第二種工件，機器人焊接效率是手工焊的 2.2 倍。由此可知，機器人焊接技術應用在建築鋁模板生產中可以大大提高生產效率，提高產品的產量，一般是傳統手工焊接的 2～2.5 倍，並且機器人焊接還可以實現 24h 連續作業。

鋁模板工件類型不同，採取的機器人工作站也不同，除上述的雙機器人雙工位工作站外，還有單機器人雙工位、單機器人單工位等多種形式的工作站，如圖 7-14～圖 7-16 所示。

圖 7-14　雙機器人雙工位工作站

圖 7-15　單機器人雙工位工作站

圖 7-16　單機器人單工位工作站

　　機器人焊接技術在鋁模板生產中的成功應用有效地提高了焊接品質，機器人對鋁模板進行焊接時，焊接參數、焊接速度、焊接姿態都能保持穩定，減少了人為因素對焊縫品質的影響，完全滿足建築鋁模板對焊縫的工藝要求。

7.1.3　電力建設行業-電力鐵塔橫擔焊接機器人工作站

(1) 橫擔焊接機器人工作站

　　橫擔是電力鐵塔中重要的組成部分，它是用來安裝絕緣子及金具，用以支撐導線、避雷線，並使之按規定保持一定的安全距離，如圖 7-17 所示。

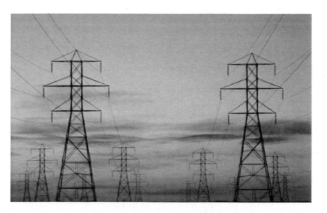

圖 7-17　電力鐵塔

　　橫擔焊接機器人工作站主要由焊接機器人本體、焊接電源、焊接工作檯、電氣控制櫃及其他外圍設備組成，系統布置如圖 7-18 所示。箱式橫擔是用鋼板焊接的結構件，工件在上下料、組對時難免會存在誤差，並且會有焊接變形。機器人具備焊縫尋位和焊縫追蹤等焊接功能，機器人能夠在焊接時自動找到焊縫的起始位置和正確的方向，保證了焊接品質。

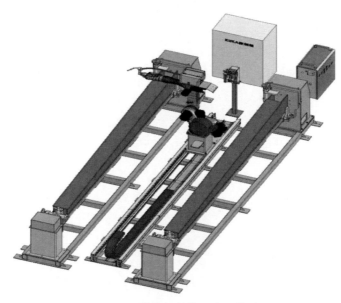

圖 7-18　橫擔焊接機器人工作站

（2）焊接工裝

　　橫擔焊接機器人工作站採用頭尾架變位機與機器人直線行走機構高度配合，可有效擴展機器人的工作範圍，適應不同長度的工件焊接。同時變位機能夠翻轉工件使焊縫達到最佳焊接姿態和位置，實現角焊、平焊、船型焊。本工作站採用的工裝夾具可使系統適應不同長度的工件，如圖 7-19 所示。正反絲杠對中結構的應用，可實現轉動正反絲杠手輪帶動一對正反絲杠壓板同向或相對移動，實現對工件的壓緊或者松開，確保夾持工件的準確性及重複定位性能，便於機器人尋位及焊接。

圖 7-19　焊接工裝

（3）焊接效果及生產節拍分析

　　橫擔焊接機器人工作站實際焊接現場如圖 7-20 所示，焊接效果穩定、焊縫平滑，如圖 7-21 所示。對某客户現場的機器人焊接與手工焊接實際焊接效率進行對比，如表 7-2 所示。

圖 7-20　橫擔焊接機器人工作站

圖 7-21　焊接效果

手工焊生產節拍計算：

手工焊時間＝一個工件焊接時間＋等行車翻轉工件時間＋等待行車更換工件時間＋休息時間

機器人生產節拍計算：

機器人焊時間＝一個工件焊接時間＋0.5min（雙工位焊接）

表 7-2　焊接效率對比

工件尺寸/m	單件工件手工焊時間/min	單件工件機器人焊時間/min	效率增長倍數
1.0	16	12	0.33
2.0	40	22	0.82
2.5	60	30	1.00
3.0	72	38	0.89
3.5	84	46	0.83

焊接機器人在電力鐵塔橫擔上的成功應用，不僅提高了產品的生產效率和品質，減輕了工人勞動強度，實現了柔性化管理，使生產便於控制，同時也降低了企業的人工成本，提高了企業在行業內的競爭力。

7.1.4　農業機械行業-玉米收穫機焊接機器人工作站

（1）玉米收穫機焊接機器人工作站

玉米收穫機，如圖 7-22 所示，是在玉米成熟時，用來完成玉米的莖秆切割、摘穗、剝皮、脫粒、秸秆處理及收割後旋耕土地等生產環節的作業機具。

收穫機中多種零部件均可採用機器人進行焊接生產，如拉草輪、拉莖輪、摘穗支架、前橋等，如圖 7-23 所示。

圖 7-22 玉米收穫機

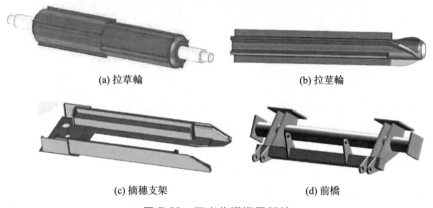

(a) 拉草輪   (b) 拉莖輪

(c) 摘穗支架   (d) 前橋

圖 7-23 玉米收穫機零部件

　　玉米收穫機焊接機器人工作站主要由焊接機器人本體、焊接電源、頭尾架變位機、電氣控制櫃及其他外圍設備組成，系統布置如圖 7-24 所示。配套使用數字脈衝逆變焊機，採用脈衝過渡方式焊接，使焊接過程熱輸入量大幅度減小，減少了焊後工件變形，焊縫品質好、成型美觀。人工將工件各部分放在工裝平臺上，組對完成後，透過夾具對工件進行定位並夾緊，然後由機器人自動焊接。

　　（2）焊接工裝

　　玉米收穫機焊接機器人工作站採用頭尾架變位機，能夠翻轉工件使焊縫達到最佳焊接姿態和位置，實現角焊、平焊、船型焊。同時變位機工裝連接板可以進行快速更換，實現多種零部件的裝夾、焊接，如圖 7-25 所示。

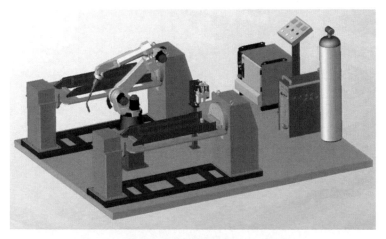

圖 7-24　玉米收穫機焊接機器人工作站

標準快換夾具框

圖 7-25　焊接工裝

（3）焊接效果

　　圖 7-26 所示為玉米收穫機焊接機器人工作站及收穫機割臺部件的焊接效果，實際生產過程中，由於工件下料精度差、組對間隙難以保證一致以及重複定位精度不高，容易出現焊縫偏離原始示教軌跡，導致焊偏現象。因此，該機器人工作站添加了焊縫尋位功能，焊接開始前進行焊縫起始點尋位，透過機器人自動修正原始示教軌跡，保證機器人運行軌跡始終與焊縫一致，極大地提高了焊接品質。機器人焊接與手工焊接效果對比如圖 7-27 所示。

圖 7-26　玉米收穫機焊接機器人工作站

(a) 手工焊接

(b) 機器人焊接

圖 7-27　焊接效果對比

7.1.5　建築鋼結構行業-牛腿部件焊接機器人工作站

（1）牛腿部件焊接機器人工作站

　　鋼結構建築相比於磚混結構建築在環保、節能、高效、工廠化生產等方面具有明顯優勢。深圳高 325m 的地王大廈、上海浦東高 421m 的金

茂大廈、北京的京廣中心、鳥巢、央視新大樓、水立方、廣州虎跳門大橋等大型建築都採用了鋼結構，如圖 7-28 所示。

圖 7-28　廣州虎跳門大橋

建築鋼結構中牛腿部件的作用是銜接懸臂梁與掛梁，並傳遞來自掛梁的荷載。牛腿部件如圖 7-29 所示，其焊接品質的好壞直接關係到整個建築結構的安全穩定性能。牛腿最大質量達 1000kg，牛腿工件長度為 300～1500mm，截面範圍 H250×150×10×10～H1250×600×50×50，焊前組對點焊位置基本固定，焊點焊脚高度＜3mm，組對間隙＜2mm，焊縫形式包括平角焊縫（板厚 10mm）、K 型坡口焊縫（板厚 30～50mm）、單邊 V 坡口焊縫（板厚 10～20mm）等，均需要全熔透，且探傷符合Ⅰ級焊縫。

(a) 標準型牛腿　　　　　(b) 帶筋板牛腿　　　　　(c) H型變截面牛腿

圖 7-29　牛腿部件

牛腿部件焊接機器人工作站主要由焊接機器人本體、焊接電源、L型變位機、電氣控制櫃、工裝夾具及其他外圍設備組成，採用單機器人

雙工位，系統布置如圖 7-30 所示。透過行車將已組裝點焊完畢的牛腿工件吊起並用工裝夾具固定在變位機上，透過變位機帶動工件進行旋轉和翻轉，實現不同焊接位置的焊接。焊接機器人自動行進至初始焊接位置，完成焊接、變位、再焊接的過程，最終實現牛腿部件所有位置焊縫的焊接。

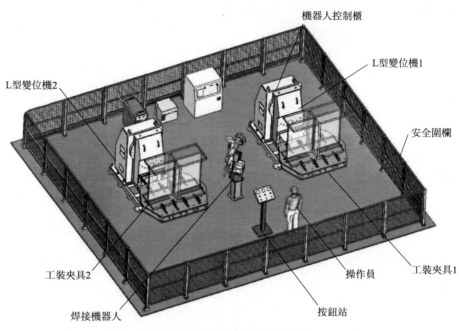

圖 7-30　牛腿部件焊接機器人工作站系統布置

（2）焊接工裝

牛腿部件焊接機器人工作站採用 L 型雙軸變位機，雙工位單機器人。焊接工裝工作檯採用上下雙層結構布置，移動傳動結構及導軌在下層，在 X 軸、Y 軸上採用對中式定位結構，驅動機構採用電動機驅動，壓緊機構採用氣動系統控制，如圖 7-31 所示。

工作檯處於水平位置，工件透過行車安放於工作臺中間位置，然後電動機驅動正反絲杠在 X 軸、Y 軸方向進行對中定位，然後壓緊氣缸工作將工件壓緊固定，機器人開始進行正常焊接，焊接完畢後，變位機回轉至初始位置，壓緊氣缸鬆開，各定位機構回到初始位置，用行車將焊接完的工件移至成品區。

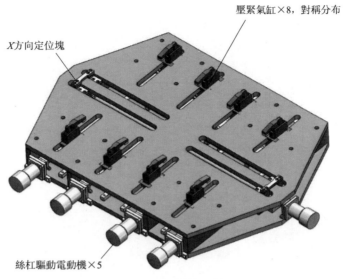

壓緊氣缸×8，對稱分布

X方向定位塊

絲杠驅動電動機×5

圖 7-31　焊接工裝

（3）焊接效果

　　為保證焊接品質和焊接效率，機器人系統配置了完善的自保護功能和弧焊數據庫，主要包含原始路徑再繼續、故障自診斷、焊縫尋位功能、多層多道功能、電弧追蹤、專家數據庫、擺動功能、清槍剪絲等功能，圖 7-32 所示為牛腿部件焊接機器人工作站，焊接效果如圖 7-33 所示。

圖 7-32　牛腿部件焊接機器人工作站

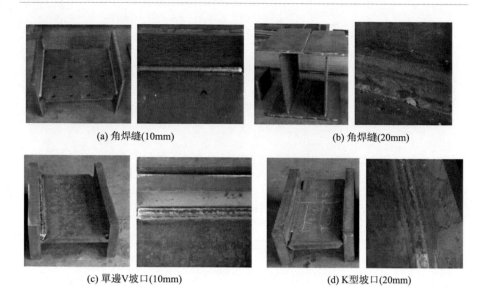

(a) 角焊縫(10mm)　　　　　　　(b) 角焊縫(20mm)

(c) 單邊V坡口(10mm)　　　　　　(d) K型坡口(20mm)

圖 7-33　焊接效果

7.2　點焊機器人系統

　　點焊工藝是電阻焊的一種，是將被焊母材組合後壓緊於兩電極之間，並施以電流，透過電流流經工件接觸面及鄰近區域產生的電阻熱效應將其加熱到塑性狀態，使母材表面相互緊密連接，形成牢固的結合部，廣泛用於汽車、電子、儀表、家用電器等組合件薄板材料的焊接。在一輛白車身的約 4000 個焊點的焊接中，電阻焊占了 95％。人工點焊由於作業人員的疲勞和流動，使車身的焊接品質無法得到保證，而點焊機器人的應用，化解了這一矛盾，使焊接自動化成為現實。其主要優勢表現在以下幾個方面。

　　① 穩定和提高焊接品質，保證其均一性。

　　② 減少勞動者，降低勞動強度，改善了工人的勞動條件。

　　③ 提高生產率，一天可 24h 連續生產。

　　④ 提高設備的利用率，減少設備數量及車間的占地面積。

　　⑤ 產品週期明確，容易控制產品產量。

　　典型的點焊機器人系統主要包括機器人系統（機器人本體、機器人控制櫃、教導器），點焊控制器，焊鉗，線纜包，水氣單元，焊接工裝，

電極修磨器，水冷系統，控制系統，安全系統等。

7.2.1 汽車行業-座椅骨架總成點焊機器人工作站

（1）座椅骨架總成

汽車座椅骨架多由管件和沖壓件組焊構成，圖 7-34 為座椅骨架總成，結構精度要求高，整體誤差要小於 0.5mm。該工件要求節拍也非常高，總共有焊點 30 個，焊點位置複雜，單件生產時間要求不高於 60s。所以該結構非常適合於自動化焊接，建立點焊機器人工作站，採用機器人焊接。

（2）點焊系統組成

汽車座椅骨架點焊機器人工作站主要由點焊機器人、點焊控制器、中頻伺服焊槍、旋轉工作檯、工裝夾具、安全圍欄等組成，如圖 7-35 所示。機器人本體機構形態為多關節型，具有 6 個自由度，重複定位精度為

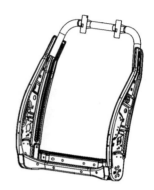

圖 7-34 汽車座椅骨架總成

±0.07mm，每個軸均採用交流伺服電動機驅動，最大負載為 235kg。機器人上配有伺服焊鉗，透過機器人焊接程序實現對座椅骨架的焊接。透過 PLC 訊號對接，實現控制轉臺轉動和自動修電極帽。

圖 7-35 座椅骨架點焊機器人工作站

（3）工作原理

1）示教軌跡的確定　機器人是嚴格按照操作人員編制的示教程序來完成動作軌跡的。示教前首先對焊鉗 TCP（工具中心點）進行設置，然後透過教導器完成焊接過程的示教編程。周邊設備的控制及工件裝夾和焊接過程邏輯控制由機器人控制器內的控制系統、PLC 和使用者焊接示教程序共同完成，工件翻轉機構換位是由機器人控制器內的交流伺服單元驅動和控制的。

2）焊接工藝參數的設定和控制　由於座椅骨架零部件厚度和材質是不一樣的，所以要根據不同的情況對焊接電流、焊接時間、焊接壓力等參數分別進行設置。

3）常見焊接缺陷防止措施　在焊接過程中，經常產生的缺陷有騎邊、焊穿、焊核偏小等。機器人焊接產生騎邊的主要原因是焊接位置調試不當，需要重新調整焊接位置；焊穿的主要原因是焊接電流偏大、焊接時間偏長或者是工件搭接縫隙過大；焊核偏小的主要原因是焊接電流偏小、焊接時間短。

7.2.2　汽車行業-車體點焊機器人工作站

工業機器人點焊系統由於其安全性，可靠性，靈活性，可透過程序選擇控制機器人，並配備通訊網路實現機器人之間的資訊交換和共享，在汽車行業被廣泛應用，例如車體的組裝焊接，如圖 7-36 所示。

圖 7-36　車體點焊機器人工作站

　　車體板材主要為普通碳鋼或者不銹鋼，厚度 1～3mm，工件種類與規格多樣。透過前道工序裝備到焊接夾具上，自動運輸到點焊工位，透過點焊機器人進行點焊，機器人接收到啓動指令後夾持點焊焊槍，按示教程序及焊接工藝對工件進行自動焊接，任務完成後，停焊並自動回到安全位置等待下一次指令。對於不可達到的焊縫，需要進行人工補焊。

　　(1) 整套點焊系統特點

　　① 控制系統靈敏可靠，故障少，且操作和維護方便。

　　② 事故間隔時間不低於 80000h（汽車廠廣泛使用）。

　　③ 具有通知定期檢修和出錯履歷記憶功能。

　　④ 具有自停電保護、停電記憶。

　　⑤ 具有點焊專家程序（方便示教編程）。

　　⑥ 整個工作站由機器人控制系統來完成。

　　⑦ 電極自動修磨功能。

　　⑧ 機器人控制器採用圖形化菜單顯示，彩色示教盒，中英文雙語切換顯示，提供實施監視和在線幫助功能。具有位置軟硬限位、過流、欠壓、內部過熱、控制異常、伺服異常、急停等故障的自診斷、顯示和報警功能。

　　⑨ 示教盒編程示教；點位運動控制、軌跡運動控制；四種座標系（關節、直角、工具、工件座標系），同時具有相對座標系、座標平移、旋轉功能；具有編輯、插入、修正、刪除功能；直線、圓弧設定及等速控制。

　　(2) 工件精度要求

　　① 表面應無油、無銹、無污物；板件定位與裝配位置誤差小於 ±0.3mm。

　　② 工件的一致性尺寸不大於 ±0.3mm。

　　③ 工件重疊部分不能有相抵制狀態。

　　④ 點焊位置間隙不能大於 0.6mm。

　　(3) 現場環境要求

　　① 環境溫度：0～45℃。

　　② 相對濕度：20%～85%RH。

　　③ 振動：振動加速度小於 0.5g。

　　④ 電源：三相 380V；電壓波動範圍：+10%、−15%；電壓頻率：

50Hz。要求機器人控制櫃電源和焊接用電源從電網變壓器分別引出到焊接工作站指定地點，配有獨立的空氣開關。地線：焊機與控制櫃必須分別接地，接地電阻小於 100Ω。

　　⑤ 壓縮空氣：壓力不小於 $6kgf/cm^2$（需濾出水、油；$1kgf/cm^2 = 98.0665kPa$）。

　　⑥ 現場無腐蝕性氣體。

第8章

焊接機器人的
保養和維修

8.1 焊接機器人的保養

機器人的維護保養是機器人正常工作的重要保證，不僅可以降低機器人的故障率，同時也能保證機器人與操作人員的安全。維護保養過程必須遵守安全操作說明規定。

① 維護人員要接受過專業的機器人基本操作和維護保養培訓。

② 維護人員進行機器人維護保養操作時，應穿著工作服、安全鞋並佩戴安全帽等安全防護用具。

③ 進行維護或檢查作業時，要確保隨時可以按下緊急停止開關，以便需要時立即停止機器人作業。

④ 每日工作結束後的檢查項目和定期實施的電纜緊固檢查項目均需要在電源關閉的情況下進行。

8.1.1 機器人本體的保養

機器人本體的保養主要包括日常檢查和定期檢查。日常檢查為每日機器人電源閉合前後需要進行的檢查：電源閉合前檢查焊接相關部品、安全防護設施是否完好等；閉合電源後則需要對機器人教導器緊急停止開關、機器人原點位置、風扇運轉情況等內容進行檢查。定期維護主要包括每三個月、六個月、一年、三年等需要實施的檢查。

（1）日常檢查

1）電源閉合前檢查

① 首先確認緊急停止開關功能是否正常，按下急停按鈕，確認是否報警。

② 檢查機器人原點位置是否準確，若不準確需重新校正零點。

③ 手動操作機器人，觀察各軸運轉是否平滑、穩定，是否存在異響震動。

④ 檢查機器人控制櫃散熱扇是否工作正常。

2）電源閉合後檢查

① 將教導器電纜整理齊整並懸掛在合適位置。

② 用干抹布擦除本體上的飛濺、灰塵等雜物。

③ 用乾燥毛刷清理送絲機上的飛濺、灰塵。

④ 對工作現場衛生進行清掃處理。

（2）定期檢查

機器人本體的定期保養維護包括每月維護檢查、一年保養週期更換機器人本體電池和三年保養週期更換機器人減速器的潤滑油及更換機器人控制櫃電池，下面將介紹具體保養內容。

1）每月維護項目

① 檢查機器人本體連接電纜是否緊固完好、教導器電纜外觀是否完好，若有破損需及時更換或維修。

② 檢查焊接設備輸出電纜是否緊固，焊槍電纜、導絲管是否完好，若有破損需及時更換。

③ 本體除塵，用乾抹布對機器人本體灰塵、飛濺進行清理，嚴禁用壓縮氣體吹掃機器人本體。

④ 控制櫃除塵，採用適當壓力的乾燥壓縮空氣對控制櫃內部進行除塵。

2）一年維護項目　一年保養週期需要更換機器人本體電池，機器人本體上的電池用來保存每根軸編碼器的數據，因此電池每年都需要更換。當電池電壓下降時，在教導器上會顯示報警，代碼為：SRVO-065 BLAL alarm（Group：%d Axis：%d），此時需要及時更換電池。若不及時更換，則會出現報警，代碼為：SRVO-062 BZAL alarm（Group：%d Axis：%d），此時機器人將不能動作，遇到這種情況再更換電池，還需要做機器人零點恢復才能使機器人正常運行。

具體更換操作步驟如下：

① 保持機器人電源開啓，按下機器急停按鈕。

② 打開電池盒的蓋子，取下舊電池。

③ 換上新電池，注意不要裝錯正負極。

④ 蓋上電池盒蓋子，擰緊螺絲。

3）三年維護項目

① 更換控制器主板上的電池　機器人的程序和系統變量均儲存在控制櫃主板的 SRAM 中，由一節位於主板上的鋰電池供電，以保存數據，如圖 8-1 所示。當這節電池的電壓不足時，則會在 TP 上顯示報警，代碼為：SYST-035 Low or No Battery Power in PSU。當電壓變得更低時，SRAM 中的內容將不能備份，這時需要更換舊電池，並將原先備份的數據重新加載。因此，平時需注意用 Memory Card 或軟盤定期備份數據。

接頭

圖 8-1　控制櫃主板電池

具體操作步驟如下：

a. 準備一節新的 3V 鋰電池。

b. 機器人通電開機正常後，等待 30s。

c. 機器人關電，打開控制器櫃子，拔下接頭，取下主板上的舊電池。

d. 裝上新電池，接好插頭。

② 更換潤滑油　機器人每工作三年或工作 10000h，需要更換 J1～J6 軸減速器潤滑油和 J4 軸齒輪盒的潤滑油，加油位置如圖 8-2 所示。

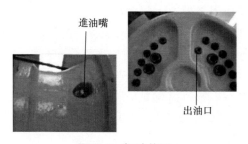

進油嘴

出油口

圖 8-2　加油位置

具體步驟如下：

a. 關閉機器人電源。

b. 取下出油口塞子。

c. 從進油口處加入潤滑油，直到出油口處有新的潤滑油流出為止。

d. 旋轉機器人被加油的軸並反復轉動一段時間，直到沒有油從出油口處流出。

e. 裝上出油口的塞子並撐緊。

8.1.2　焊接設備的保養

焊接設備是實現焊接工藝必不可少的裝備，每一個從事焊接工作的

企業或個人都希望充分利用設備的性能，延長機器的使用壽命。要達到這個目的，除了按操作規程正確使用焊接設備外，還要定期做好保養與維修工作。焊接設備主要保養內容參考表 8-1。

表 8-1 焊接設備主要保養內容

保養週期	主要檢查和保養內容	備註
日常	不正常的噪聲、震動和槍頭發熱程度	
	焊機風扇是否運行	
	水箱風扇是否正常運行，水泵是否正常工作	
	檢查送絲阻力是否過大，槍頭易損件是否正常	
三個月	輸入電源線路是否破損	
	接插件的固定狀況是否良好，水路是否漏水，氣路是否漏氣	
	清除焊機上面的灰塵和雜物	
	檢查焊槍是否破損，地線是否破損	
	檢查導絲管是否破損	
六個月	清理焊機內部灰塵，緊固各焊接插件	如果工作環境惡劣，建議三個月進行清理
	清理水箱內的灰塵，尤其是風扇和散熱器上面的灰塵	
一年	清理和更換水箱內的冷卻液	

（1）焊接電源的保養

1）使用注意事項

① 應在機殼上蓋規定處鉚裝設備號標牌，否則可能會損壞內部元件。

② 焊接電纜插頭與焊接電源輸出插座的連接要緊密可靠。

③ 要避免焊接電纜破損，防止焊接電源輸出短路。

④ 要避免控制電纜破損、斷線。

⑤ 要避免焊接電源受撞擊變形，不要在焊接電源上堆放重物。

⑥ 要保證通風順暢。

2）定期檢查及保養

① 定期做好檢測工作。例如，查看焊機通電時，冷卻風扇的旋轉是否平順；是否有異常的震動、聲音和氣味；保護氣體是否泄漏；電焊線的接頭及絕緣的包紮是否有松懈或剝落；焊接的電纜及各接線部位是否有異常的發熱現象等。

② 由於焊機是強迫風冷，很容易從周圍吸入塵埃並積存於機內。

因此，可以定期使用清潔乾燥的壓縮空氣將焊機內部的積塵吹拭乾淨。

③ 定期檢查電力配線的接線部位。入力側、出力側等端子以及外部配線的接線部位、內部配線的接線部位等的接線螺絲是否有松動，生鏽時要將鐵鏽除去以保證接觸導電良好。

④ 焊機長時間的使用難免會使外殼因碰撞而變形或因生鏽而受損傷，內部零件也會消磨，因此在年度保養和檢查時要實施不良品零件的更換和外殼修補及絕緣劣化部位的補強等綜合修補工作。不良品零件的更換在做保養時最好能夠一次全部更換新品以確保焊機的性能。

（2）送絲機構的保養

1）使用注意事項

① 送絲輪的正確選擇。在使用前必須了解所焊的材質、焊絲的材質、焊絲的直徑，選擇與之匹配的送絲輪。如鋁、銅及其合金焊絲要選擇 H 型送絲輪；鋼、不銹鋼焊絲要選擇 T 型送絲輪；而藥芯焊絲要選擇滾花式送藥芯焊絲送絲輪。

② 送絲輪壓力的調節。不同材質的焊絲，其送絲壓力的調節不一樣。對於柔性的焊絲，如鋁及鋁合金或銅及銅合金的焊絲，其調其節力度不能太大，否則焊絲將被擠壓變形，造成送絲不暢。壓力調節應遵循：調節時做到前緊後鬆，導電嘴處如有阻力，最好讓輪與焊絲能打滑，這樣可以避免堵絲的現象。對於硬質的焊絲，可以做到壓力前後一致，盡可能讓焊絲順暢送出。

2）定期檢查及保養

① 送絲輪在使用一段時間後，須查看是否有破裂的現象，有無磨損嚴重的情況，若出現需及時更換，避免影響生產。

② 通常情況下，送絲機構在使用每六個月後，必須用乾燥的壓縮空氣進行清潔。對線路板進行清潔時，不要靠近，以免氣體內含水分噴到電子元件上或氣壓太大，將線路板元器件吹落。

（3）焊槍的保養

1）使用注意事項

① 焊槍與指定的送絲機、焊接電源、焊接機器人配套使用。

② 易損件及需要更換的部件應選用原裝部件。

③ 焊接時要注意焊槍的額定負載持續率。

④ 不得擠壓、砸碰、強力拉拽焊槍，焊接結束時應將焊槍放置在安

全位置。

⑤ 焊槍各連接處必須緊固，每次焊接前均要進行檢查。

⑥ 送絲管的規格應符合要求，並定期進行清理。

⑦ 導電嘴與所用焊絲的規格必須一致，磨損後應及時更換。

⑧ 噴嘴、噴嘴座、氣篩必須完好、齊備，並保持良好的清潔、絕緣狀態。

⑨ 噴嘴、氣篩和導電嘴的飛濺物要及時清理。

2）定期檢查及保養

① 長時間使用焊槍，噴嘴處會沾滿飛濺顆粒，應及時進行清理，否則會對保護氣體的流量產生影響，從而影響焊接品質。

② 導電嘴屬於易耗品，在長時間焊接時，應在每天開始焊接前更換新的導電嘴，以保證良好的焊接品質。

③ 長時間使用後，焊槍內的送絲管內壁上會黏附金屬屑，長時間不清理將會影響送絲的順暢性，影響焊接品質。一般情況下，每焊完一盤焊絲後，需用高壓氣體清理送絲系統，若清理後送絲阻力依然很大，需要更換送絲管。

3）故障及排除

① 導電嘴定期進行檢查、更換：由於長時間工作磨損，導電嘴的孔徑變大，將引起電弧不穩定，焊縫外觀惡化或黏絲；導電嘴末端黏上飛濺物，送絲變得不順暢；導電嘴安裝不牢固，螺紋連接處會發熱，影響焊接穩定性。

② 送絲軟管定期進行清理和更換：送絲軟管長時間使用後，將會積存大量鐵粉、塵埃、焊絲的鍍屑等，造成送絲不順暢。需要定期進行清理，將其卷曲並輕輕敲擊，使積存物抖落，然後採用壓縮空氣將碎屑吹掉。軟管上的油垢要採用刷子在油中刷洗，然後再用壓縮空氣將其吹淨。送絲軟管如果錯絲或嚴重變形彎曲，需要更換新軟管。

③ 絕緣套圈的檢查：如果取下絕緣套圈施焊，飛濺物將黏附在噴嘴裡面，使噴嘴與帶電部分導通，焊槍將會因短路而燒燬。同時為了使保護氣體均勻地流出，一定要裝上絕緣套圈。

8.2　焊接機器人的維修

在焊接機器人出現故障報警時，須嚴格遵守機器人廠家維修說明書

進行故障排查與檢修,切勿擅自操作改動,下面將簡述焊接機器人常見故障及維修。

8.2.1 控制櫃的維修

不同型號控制櫃的常見故障基本大同小異,檢查和處置方式基本相同。表 8-2 給出了控制櫃常見故障排查及處置措施,表 8-3 給出了基於保險絲的故障追踪及處置措施。

表 8-2　常見故障排查及處置措施

檢查和處置	圖示
檢查 1)確認斷路器電源已經接通 2)確認斷路器沒有處在跳開狀態 處置 1)斷路器沒有接通時,接通斷路器 2)斷路器已跳開時,參照綜合連接圖檢查原因	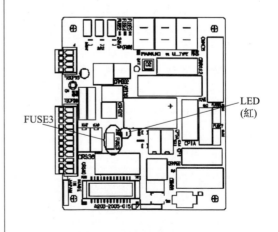
檢查1: 確認急停板上的保險絲 FUSE3 是否熔斷。保險絲熔斷時,急停板上的 LED(紅)點亮。保險絲已經熔斷時,執行處置1,更換保險絲 檢查2: 急停印刷電路板上的保險絲 FUSE3 尚未熔斷時,執行處置2 處置1: 1)檢查教導器電纜是否有異常,如有需要則予以更換 2)檢查教導器上是否有異常,如有需要則予以更換 3)更換急停板 處置2: 1)主板 LED 尚未點亮,更換急停單元 2)主板 LED 已經點亮時,執行處置1	

續表

檢查和處置	圖示
檢查1： 　確認主板上的狀態顯示 LED 和 7 段 LED 處置1： 　按照 LED 的狀態採取對策，更換 CPU 卡或主板或 FROM/SRAM 模塊等 檢查2： 　檢查1中主板的 LED 尚未點亮時，檢查主板上的 FUSE1 是否熔斷，已經熔斷的情形參照處置2，沒有熔斷的情形參照處置3 處置2： 　1）更換後面板 　2）更換主板 　3）迷你插槽上安裝可選板時，更換可選板 處置3： 　1）更換急停單元 　2）更換主板-急停單元之間的電纜 　3）更換（處置1）中所示的板	7段LED RLED1 （紅） LEDG1 LEDG2 （綠） LEDG3 LEDG4 FUSE1

表 8-3　基於保險絲故障追踪及處置措施

名稱	熔斷時的現象	對策
FUSE1	教導器上顯示報警：SRVO-220	1）有可能 24SDI 與 0V 短路，檢查外圍設備電纜是否有異常，如有需要則予以更換 2）拆除 CRS40 的連接 3）更換急停單元-伺服放大器之間的電纜 4）更換主板-急停單元之間的電纜 5）更換急停單元 6）更換伺服放大器
FS1	伺服放大器的所有 LED 都消失，教導器上會顯示出 FSSB 斷線報警（SRVO-057）或 FSSB 初始化報警（SRVO-058）	更換 6 軸伺服放大器

名稱	熔斷時的現象	對策
FS2	教導器上會顯示出「FUSE BLOWN（AMP）（SRVO-214）」（6軸放大器保險絲熔斷）和「Hand broken（SRVO-006）」（機械手斷裂）、「Robotovertravel（SRVO-005）」（機器人超程）	1）檢查末端執行器所使用的＋24VF是否有接地故障 2）檢查機器人連接電纜和機器人內部電纜，檢查機械內部風扇 3）更換6軸伺服放大器
FS3	教導器上會顯示出「6ch amplifier fuseblown（SRVO-214）」（6軸放大器保險絲熔斷）和「DCAL alarm（SRVO-043）」（DCAL報警）	1）檢查再生電阻，如有必要則予以更換 2）更換6軸伺服放大器

8.2.2 脈衝編碼器的維修

（1）脈衝編碼器的更換

① 關閉機器人電源，找到編碼器對應的馬達，並拆掉編碼器線的保護罩。

② 拔掉編碼器線，並將編碼器緩緩取下。

③ 更換新的編碼器進行安裝。

（2）編碼器安裝注意事項

① 務必對準鍵槽和鍵。

② 務必對準溫度採集裝置的針腳。

③ 安裝前要確認密封圈完好，且安裝過程中沒有變形。

④ 螺絲要均勻擰緊。

8.2.3 機器人本體電纜的維修

（1）拆卸電纜

① 將機器人所有軸置於0°位置，並做好MC備份和鏡像備份，然後斷開控制櫃的電源。

② 從機器人底座的配線板拆除控制櫃側的電纜，並將配線板拆出，如圖8-3所示。

③ 將本體電纜與外罩分離，並將電池盒接線端子拆除。

④ 將J1軸底座的內部接地端子拆除，並將本體電纜插頭完全分離，如圖8-4所示。

圖 8-3 拆除配線板

圖 8-4 電纜分離

⑤ 拆除 J1 和 J2 軸編碼器插頭蓋板，然後拆除編碼器插頭。

⑥ 拆除電纜各軸的動力線接頭、剎車線接頭。

⑦ 拆除 J2 軸基座上的蓋板。

⑧ 拆除 J1 軸上側夾緊電纜的蓋板及 J1 軸基座內的板，拆除固定電纜夾的螺栓，並將本體哈丁接頭從 J1 軸底座管部拉出。

⑨ 拆除 J2 軸側板的固定螺栓及 J2 軸機械臂的蓋板。

⑩ 拆除電纜的夾緊蓋板，並將防護布拆除，如圖 8-5 所示。

⑪ 拆除 J3 軸外殼的正面配線板、左側蓋板及右側走。

⑫ 將 J3～J6 軸電纜穿過鑄孔，並將其拉到正面側，然後切斷要被更換電纜的尼龍扎帶，從而完成電纜的拆除過程。

（2）安裝電纜

① 將電纜用尼龍扎帶束緊，用螺栓將電纜固定在 J2 軸機臂上，然後將蓋板安裝到 J2 軸機臂上。

② 新電纜在需要固定並扎緊的部位有黃色膠帶標記，按照標記固定並束緊扎帶，如圖 8-6 所示，如果束緊的過後或者過前將會導致之後的走線不順暢。

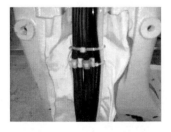

圖 8-5 拆除防護布

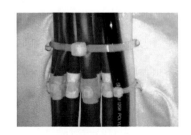

圖 8-6 束緊扎帶

③ 用扎帶將電纜束緊，將 J1 軸的上側蓋板固定在 J2 軸基座上，然後安裝好側邊的蓋板。

④ 將電纜穿過平衡缸下側，注意電纜的修整，避免電纜與平衡缸相互干涉。

⑤ 將電纜從 J1 軸管孔穿過並將其拉到 J1 軸基座後側，在線夾處用尼龍扎帶將電纜固定好。

⑥ 將哈丁接頭固定在配線板上，將地線、電池盒電纜接好（注意正負極不要裝反），如圖 8-7 所示。

圖 8-7　配線板

⑦ 將 J3～J6 軸電動機插頭從 J3 軸外殼側穿過其中的鑄孔，將 J3～J6 軸電纜固定在安裝板，並將 J3 軸外殼的各個蓋板安裝好。

⑧ 將各軸的電動機編碼器、刹車接頭、動力接頭連接好，然後安裝 J1～J2 軸的編碼器保護板，檢查各蓋板螺栓是否齊全並擰緊，從而完成電纜的安裝過程，接線。

⑨ 接通電源，重新校準機器人零位，檢查機器人狀態是否正常。

8.2.4　伺服放大器的維修

（1）拆卸伺服放大器

① 關閉控制櫃電源，逆時針轉動電源開關，打開控制櫃門。

② 在控制櫃內左下角找到 6 軸伺服放大器，如圖 8-8 所示。按照從頂層到底層的順序依次斷開 6 軸伺服放大器上的連接接頭（放大器自身附帶的 3 個短接頭無須斷開）。

圖 8-8　伺服放大器

③ 使用長柄十字螺絲刀擰松固定 6 軸伺服放大器的兩顆螺絲，如圖 8-9 所示，然後用雙手抓住 6 軸伺服放大器的兩個抓手把柄向外拉動，使得放大器與控制櫃脫開。

圖 8-9　伺服放大器緊固螺絲位置

④ 在 6 軸伺服放大器與控制櫃松開後，將放大器從控制櫃中取出，從而完成伺服放大器的拆卸過程。

（2）安裝伺服放大器

① 將原放大器上的 3 個短接頭及 2 個抓手把柄拆下，安裝至新放大器上。

② 將新的 6 軸伺服放大器安裝至控制櫃內，使用長柄十字螺絲刀將兩顆固定螺絲擰緊（注意：在放大器安裝過程中，檢查放大器四周是否有線纜被壓住）。

③ 根據 6 軸伺服放大器上面每個介面的標號，對應線纜接頭上的標號，連接線纜。

④ 按照從底層往頂層的順序將 6 軸伺服放大器上的所有線纜介面連接，從而完成伺服放大器的拆卸過程。

（3）注意事項

① 更換 6 軸伺服放大器的整個過程必須保證控制櫃電源處於斷電狀態。

② 更換完成後請勿急於上電測試，務必確認 6 軸伺服放大器上的所有連接的電纜標號與介面標號一致。

③ 確認無誤後，關閉控制櫃門，打開控制櫃電源，恢復機器人正常使用。

8.2.5　維修安全注意事項

為了確保維修技術人員的安全，應充分注意下列事項：

① 在機器人運轉過程中切勿進入機器人的動作範圍內。

② 應盡可能在斷開控制裝置的電源的狀態下進行維修作業。

③ 在通電中因迫不得已的情況而需要進入機器人的動作範圍內時，應在按下操作面板或者示教操作盤的急停按鈕後再入內。

④ 作業人員應掛上「正在進行維修作業」的標牌，提醒其他人員不要隨意操作機器人。

⑤ 在進行氣動系統的分離時，應在釋放供應壓力的狀態下進行。

⑥ 在進行維修作業之前，應確認機器人或者外圍設備沒有處在危險的狀態且沒有異常。

⑦ 當機器人的動作範圍內有人時，切勿執行自動運轉。

⑧ 當機器人上備有刀具以及除了機器人外還有傳送帶等可動器具時，應充分注意這些裝置的運動。

⑨ 維修作業時應在操作面板的旁邊配置一名熟悉機器人系統且能夠察覺危險的人員，使其處在任何時候都可以按下急停按鈕的狀態。

⑩ 在更換部件或重新組裝時，應注意避免異物的黏附或者異物的混入。

⑪ 在檢修控制裝置內部時，為了預防觸電，務必先斷開控制裝置的主斷路器的電源，而後再進行作業。

⑫ 維修作業結束後重新啓動機器人系統時，應事先充分確認機器人動作範圍內是否有人，機器人和外圍設備是否有異常。

8.3　機器人點焊鉗維護

（1）檢查保養週期

為了充分發揮焊鉗的性能，延長其使用壽命，需要定期做好保養與維修工作，表 8-4 給出了具體的保養週期。

（2）各部件的保養檢查

1）平衡部件的保養檢查

① 每日與每周檢查內容。

a. 平衡部件能否順暢工作。

b. 調節彈簧的螺母有無鬆動。

c. 限位螺栓有無裂縫、變形和磨損。

d. 導向桿上有無飛濺。

以上如果發生異常，需立即進行鎖緊拆卸維修處理。

表 8-4　焊鉗檢查保養週期

序號	部件名稱	主要零件名稱	檢查週期	使用壽命
1	電極部件	電極帽 電極桿 電極臂	3000～10000 點	3000～10000 點 100 萬點 100 萬點
2	平衡部件	支架 吊架 襯套 導向桿 緩衝器限位	100 萬點或 3 個月	300 萬～500 萬點 150 萬～200 萬點 150 萬～200 萬點
3	氣缸部件	氣缸 襯套 活塞 活塞桿 密封件 導向桿氣缸蓋	100 萬點或 3 個月	300 萬～500 萬點 150 萬～300 萬點 150 萬～300 萬點
4	二次導電部件	可繞導體 端子 二次導體 焊接臂 電極臂	5 萬點	50 萬點 300 萬～500 萬點 300 萬～500 萬點

② 拆卸檢查處置。

拆卸檢查處置具體內容見表 8-5。

表 8-5　拆卸檢查

序號	檢查部位	異常狀態	處置方式
1	平衡部件	支架有無裂痕,安全帶是否可靠	修護或更換
		緩衝限位有無變形	更換
		襯套的磨損	確認無法使用、不安全後需更換
2	導向桿表面	飛濺少、傷淺	打磨後使用
		飛濺多、傷重	更換
3	限位部件	裂痕、變形、磨損	影響產品質量,更換
4	彈力裝置	能否調節到要求	不符合要求,更換
5	機器人平衡氣缸	有無漏氣	更換密封元件或更換氣缸

③ 裝配注意要點。

a. 首先清洗各個零件，確認無灰塵等異物後再裝配。

b. 裝配活塞桿及襯套時應提前塗抹潤滑脂。

c. 發現生銹的情況，必須去除。

d. 組裝場地工況環境要符合裝配作業要求。

e. 鎖緊螺栓和螺母時，要按規定的扭矩執行。

2）氣缸部件的保養檢查

① 每日與每周檢查內容。

a. 固定氣缸的螺栓和螺母是否鬆動。

b. 氣缸安裝部分是否鬆動或變形。

c. 動作是否順暢。

d. 有無漏氣現象。

e. 行程是否異常。

f. 活塞桿表面是否有飛濺、磨損。

以上如果發生異常，需立即進行鎖緊拆卸維修處理。

② 拆卸檢查處置。

拆卸檢查處置具體內容見表 8-6。

表 8-6　拆卸檢查

序號	檢查部位	異常狀態	處置方式
1	套管內表面	淺劃傷	砂紙打磨
		深劃傷	更換
		燒傷	更換
2	活塞桿表面	淺劃傷	砂紙打磨
		深劃傷	更換
		燒傷	更換
3	襯套內表面	淺劃傷	打磨
		磨損嚴重或開裂	更換
4	活塞表面	淺劃傷	打磨
		深劃傷、開裂	更換
		異常磨損	確認負荷後矯正
5	活塞桿的固定	松動	緊固
		開裂	補焊

③ 裝配注意要點。

a. 組裝前清洗所有零件，確認無灰塵等異物附著的情況下組裝。

b. 裝配活塞桿及襯套時應提前塗抹潤滑脂。

c. 發現生銹的情況，必須去除。

d. 不要造成人為的二次劃傷。

e. 鎖緊螺栓和螺母時，要按規定的扭矩執行。

3) 二次導電部件的保養檢查

① 每日與每周檢查內容。

a. 固定導電部分的螺栓和螺母是否鬆動。

b. 可繞導體和二次導體是否依照圖紙安裝。

c. 固定電纜的螺栓、螺母是否鬆動。

d. 絕緣部件是否燒損或熔化。

e. 合金焊接臂打點 350 萬次確認是否開裂。

以上如果發生異常，需立即進行鎖緊拆卸維修處理。

② 拆卸檢查處置。

拆卸檢查處置具體內容見表 8-7。

表 8-7　拆卸檢查

序號	檢查部位	異常狀態	處置方式
1	焊接臂、可繞導體、二次導體表面	淺的電侵蝕	銼刀打磨、砂紙拋光
		深的電侵蝕	機加工、補焊修復或更換
		異常發熱	確認負載連續率、電流值、水冷狀態、打點數,確認絕緣件是否異常,有變色需更換
2	可繞導體	折彎、變形	確認動作干涉程序關係後維修
		斷裂	少量斷裂維護使用,否則更換
		色變	確認負載連續率和焊接平衡條件後更換
3	襯套內表面	淺劃傷	打磨
		磨損嚴重或開裂	更換
4	活塞表面	淺劃傷	打磨
		深劃傷、開裂	更換
		異常磨損	確認負荷後矯正
5	活塞桿的固定	鬆動	緊固
		開裂	補焊

③ 裝配注意要點。

a. 組裝前清洗所有零件，確認無灰塵等異物附著的情況下組裝。

b. 裝配活塞桿及襯套時應提前塗抹潤滑脂。

c. 發現生銹的情況，必須去除。

d. 不要造成人為的二次劃傷。

e. 鎖緊螺栓和螺母時，要按規定的扭矩執行。

參考文獻

[1] 卓揚娃, 白曉燦, 陳永明. 機器人的三種規則曲線插補算法 [J]. 裝備製造技術, 2009, 11: 27-29.

[2] 林瑤瑤, 仲崇權. 伺服驅動器轉速控制技術 [J]. 電氣傳動, 2014, 44（3）: 21-26.

[3] 占鎖, 王兆宇, 張越. 徹底學會西門子 PLC、變頻器、觸摸屏綜合應用 [M]. 北京: 中國電力出版社, 2012.

[4] 孫同鑫. 紡織印染電氣控制技術 400 問 [M]. 北京: 中國紡織出版社, 2007.

[5] 李方園. 圖解西門子 S7 1200PLC 入門到實踐 [M]. 北京: 機械工業出版社, 2010.

[6] 丁天懷, 陳祥林. 電渦流感測器陣列測試技術 [J]. 測試技術學報, 2006, 20（1）: 1-5.

[7] 凌保明, 諸葛向彬, 凌雲. 電渦流感測器的溫度穩定性研究 [J]. 儀器儀表學報, 1994（4）: 342-346.

[8] 譚祖根, 陳守川. 電渦流感測器的基本原理分析與參數選擇 [J]. 儀器儀表學報, 1980（1）: 116-125.

[9] 董春林, 李繼忠, 欒國紅. 機器人攪拌摩擦焊發展現狀與趨勢 [J]. 航空製造技術, 2014, 17: 76-79.

[10] 王雲鵬. 焊接結構生產 [M]. 北京: 機械工業出版社, 2004.

[11] 袁軍民. MOTOMAN 點焊機器人系統及應用 [J]. 金屬加工, 2008, 14: 35-38.

[12] 李華偉. 機器人點焊焊鉗特點解析. 第七屆中國機器人焊接學術與技術交流會議論文集. 長春, 2009: 40-43.

[13] 馮吉才, 趙熹華, 吳林. 點焊機器人焊接系統的應用現狀與發展 [J]. 機器人, 1991, 13（2）: 53-58.

[14] 中國焊接協會成套設備與專用機具分會, 中國機械工程學會焊接學會機器人與自動化專業委員會. 焊接機器人使用手冊 [M]. 北京: 機械工業出版社, 2014.

[15] 陳祝年. 焊接工程師手冊 [M]. 2 版. 北京: 機械工業出版社, 2010.

[16] 石林. 焊接機器人系統集成應用發展現狀與趨勢. [J]. 機器人技術及應用, 2016（06）: 17-21.

[17] J. Norberto Pires, Altino Loureiro, Gunnar Bolmsjo. Weldiing Robots-Technology, System Issues and Application. London: Springer, 2006.

[18] 林尚揚, 陳善本, 李成桐. 焊接機器人及其應用 [M]. 北京: 中國標準出版社, 2000.

[19] 胡繩蓀, 焊接過程自動化技術及其應用概要 [M]. 北京: 機械工業出版社, 2006.

[20] 約翰. J. 克拉克. 機器人學導論 [M]. 貟超, 譯. 北京: 機械工業出版社, 2006.

[21] Saeed. B. Niku. 機器人學導論-分析、系統及應用 [M]. 孫富春, 朱紀洪, 劉國棟, 譯. 北京: 電子工業出版社, 2004.

[22] 張鐵, 謝存禧. 機器人學 [M]. 廣州: 華南理工大學出版社, 2000.

[23] 蔡自興. 機器人學 [M]. 北京: 清華大學出版社, 2000.

[24] 雷扎 N. 賈扎爾（RezaN. Jazar）. 應用機器人學: 運動學、動力學與控制技術 [M]. 周高峰, 譯. 北京: 機械工業出版社, 2018.

[25] 熊有倫, 李文龍, 陳文斌, 等. 機器人

學：建模、控制與視覺[M]. 武漢：華中科技大學出版社，2018.

[26] 郭彤穎，安冬. 機器人學及其智慧控制[M]. 北京：人民郵電出版社，2014.

[27] 黃志堅. 機器人驅動與控制及應用實例[M]. 北京：化學工業出版社，2016.

[28] 陳萬米. 機器人控制技術[M]. 北京：機械工業出版社，2017.

[29] 張昊，黃永德，郭躍，等. 適用於機器人焊接的攪拌摩擦焊技術及工藝研究現狀[J]. 材料導報，2018，32（1）：128-133.

[30] 顏嘉男. 伺服電機應用技術[M]. 北京：科學出版社，2017.

[31] 寇寶泉，程樹康. 交流伺服電機及其控制[M]. 北京：機械工業出版社，2008.

焊接機器人技術

編　　著：陳茂愛，任文建，閆建新 等

發 行 人：黃振庭

出 版 者：崧燁文化事業有限公司

發 行 者：崧燁文化事業有限公司

E-mail：sonbookservice@gmail.com

粉 絲 頁：https://www.facebook.com/
　　　　　sonbookss/

網　　址：https://sonbook.net/

地　　址：台北市中正區重慶南路一段六十一號八
　　　　　樓 815 室

Rm. 815, 8F., No.61, Sec. 1, Chongqing S. Rd.,
Zhongzheng Dist., Taipei City 100, Taiwan

電　　話：(02) 2370-3310

傳　　真：(02) 2388-1990

印　　刷：京峯彩色印刷有限公司（京峰數位）

律師顧問：廣華律師事務所 張珮琦律師

國家圖書館出版品預行編目資料

焊接機器人技術 / 陳茂愛，任文
建，閆建新等編著 . -- 第一版 . --
臺北市：崧燁文化事業有限公司，
2022.03
　面；　公分
POD 版
ISBN 978-626-332-114-4(平裝)
1.CST: 機器人
448.992　111001499

定　　價：540 元

發行日期：2022 年 03 月第一版

◎本書以 POD 印製

電子書購買

臉書